PEIDIAN ZIDONGHUA
ZHONGDUAN
YUNWEI SHIXUN

配电自动化终端运维实训

国网江苏省电力有限公司技能培训中心　组编

中国电力出版社
CHINA ELECTRIC POWER PRESS

内 容 提 要

随着智能配电网建设的不断加快，配电自动化设备全面覆盖，建立一支强大的配电自动化运维队伍，是保障配电网高可靠性供电的迫切需要。本书依托国网江苏省电力有限公司技能培训中心配电自动化实训基地进行编写，注重实训操作内容讲解。

本书共五章，主要内容包括基础知识、DTU 装置调试、FTU 装置调试、主站与终端设备联调、典型故障及消缺方法等。同时，书中配套数字化资源，读者可扫描二维码获得相关实操视频，全方位提升学习效果。

本书可供从事配电自动化相关专业的人员使用，尤其适合一线员工使用。

图书在版编目（CIP）数据

配电自动化终端运维实训/国网江苏省电力有限公司技能培训中心组编 . —北京：中国电力出版社，2021.11（2022.8 重印）
ISBN 978 - 7 - 5198 - 5997 - 8

Ⅰ.①配…　Ⅱ.①国…　Ⅲ.①配电自动化－终端设备－技术培训－教材　Ⅳ.①TM76

中国版本图书馆 CIP 数据核字（2021）第 187887 号

出版发行：中国电力出版社
地　　址：北京市东城区北京站西街 19 号（邮政编码 100005）
网　　址：http://www. cepp. sgcc. com. cn
责任编辑：崔素媛（010 - 63412392）
责任校对：黄　蓓　常燕昆
装帧设计：郝晓燕
责任印制：杨晓东

印　　刷：三河市万龙印装有限公司
版　　次：2021 年 11 月第一版
印　　次：2022 年 8 月北京第二次印刷
开　　本：787 毫米×1092 毫米　16 开本
印　　张：10
字　　数：249 千字
定　　价：49.00 元

前　　言

　　配电自动化是以电力系统配电网一次网架和设备为基础，综合利用计算机、信息及通信等技术，并通过与相关应用系统的集成，实现对配电网的监测、控制和快速故障隔离。

　　2019 年国家电网公司举办首届配电自动化技能竞赛，国网江苏省电力有限公司代表队获得了团体第一名和个人第一、三、四、六名的优异成绩。以此为契机，我们组织参与竞赛的教学专家和选手，结合生产现场积累的宝贵经验和竞赛中获得的丰富经验形成了本实训书，以期加快建设一支纪律严明、素质优良、技艺精湛的高技能人才队伍，提升配电自动化终端运维水平，强化配电自动化实用化应用成效，切实提高供电可靠性。

　　本书共五章，对配电自动化基础知识、一型站所终端设备、一型馈线终端设备、主站与终端联调及故障消缺处理进行了讲解，充分体现行业特色，瞄准应用、突出实践，将理论知识与实操指导有机结合。本书的技能操作部分，以国家电网公司首届配电自动化技能竞赛选用设备为例，覆盖设备本体、三遥调试、联调应用、故障处理等多个方面。

　　本书由国网江苏省电力有限公司技能培训中心组织编写，在长期编写过程中得到了国网江苏省电力有限公司和多家兄弟单位的大力支持，在此致以最真挚的谢意。

　　由于编写时间仓促，本书难免存在疏漏之处，恳请各位专家和读者提出宝贵意见，使之不断完善。

目　　录

第一章 基 础 知 识

▶ 第一节 配电自动化概述

配电自动化是以电力系统配电网一次网架和设备为基础，综合利用计算机、信息及通信等技术，并通过与相关应用系统的集成，实现对配电网的监测、控制和快速故障隔离。

配电自动化系统是实现配电网运行监视和控制的自动化系统，具备监测控制和数据采集SCADA、故障处理、分析应用及与相关应用系统互联等功能，主要由配电自动化主站（子站）、配电自动化终端和通信网络等部分组成。配电自动化系统以配电网调控和配电网运维检修为应用主体，满足配电运维管理、抢修管理和调度监控等功能应用需求，以及配电网相关的其他业务协同需求，提升配电网精益化管理水平。

一、配电自动化整体结构

传统配电自动化侧重生产控制大区相关功能实现，实时性和信息安全等级要求高，但在使用过程中，信息提取操作复杂，不同来源信息难以融合、人机交互不协调等问题逐渐突出，另一方面，随着社会经济和电网规模发展，对配电自动化提出了更高的要求，需建设新一代配电自动系统。

其主要设计思想包括以下4大方面：

（1）具备横跨生产控制大区和管理信息大区一体化支撑能力，满足配电网的运行监控与运行状态管控需求，支持地县一体化结构。

（2）基于信息交换总线，实现与多系统数据共享，具备对外交互图模数据、实时数据和历史数据的功能。

（3）支撑各级数据纵、横向贯通以及分层应用。

（4）系统信息安全防护符合国家发展改革委2014年第14号令《电力监控系统安全防护规定》，遵循合规性、体系化和风险管理原则，符合安全分区、横向隔离、纵向认证的安全策略。

配电自动化系统整体结构示意图如图1-1所示。

二、配电自动化主站系统

配电自动化主站（简称配电主站）

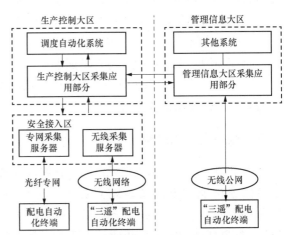

图1-1 配电自动化系统整体结构示意图

是配电自动化系统的核心，主要完成配电网运行实时数据的采集、处理、监视与控制，并对配电网进行分析、计算与决策，具有与其他应用系统进行信息交互的功能，为配电网调度指挥和生产管理提供技术支撑。

配电主站系统主要由计算机硬件、操作系统、支撑平台软件和配电网应用软件组成。其中，支撑平台包括系统信息交换总线和基础服务，配电网应用软件包括配电网运行监控与配电网运行状态管控两大类应用。配电网应用软件的总体架构如图 1-2 所示。

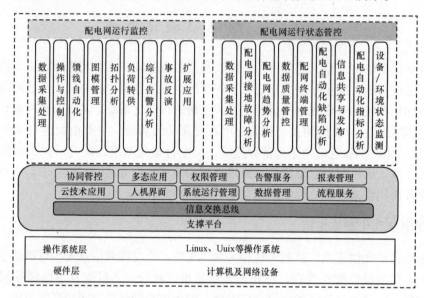

图 1-2　配电网应用软件总体架构图

配电主站系统通常具备的功能有：

（1）系统管理，主要包括权限管理、配置管理和版本管理等。

（2）通用服务，主要包括图形、模型和数据管理、告警服务和报表服务等。

（3）配电 SCADA，是主站最基本的功能，包括数据采集与处理、事件告警、事件顺序记录（Sequence of Events，SOE）、运行状况分区监视、远方控制与操作等。

（4）馈线自动化，提供集中控制方式下的馈线自动化功能。

（5）配电高级应用分析，主要包括网络拓扑、解合环分析、状态估计、潮流计算、网络重构、负荷预测、无功优化、仿真培训等。

（6）Web 发布，实现实时信息及系统数据的 Web 发布。

（7）与其他应用系统接口。

三、配电自动化终端

配电自动化终端是安装在配电网的各类远方监测、控制单元的总称，完成数据采集、控制、通信等功能。按照安装站点分类，可分为站所终端（Distribution Terminal Unit，DTU）、馈线终端（Feeder Terminal Unit，FTU）、配变终端（Transformer Terminal Unit，TTU）、配电线路故障定位指示器等类型；按照功能分类，可分为"三遥"（遥信、遥测、遥控）终端以及"二遥"（遥信、遥测）终端等类型；按照通信方式分类，可分为有线通信方式终端和无线通信方式终端等类型。

站所终端（DTU）是安装在配电网开关站、配电室、环网柜、箱式变电站等处的智能配电终端，依照功能分为"三遥"终端和"二遥"终端，其中"二遥"终端又可分为标准型终端和动作型终端。"二遥"标准型终端用于配电线路遥测、遥信及故障信息的监测，实现本地报警并具备报警信息上传功能；"二遥"动作型终端用于配电线路遥测、遥信及故障信息的监测，并能实现就地故障自动隔离与动作信息主动上传。按照结构不同可分为遮蔽立式、遮蔽卧式、户外立式和组屏式站所终端等。站所终端如图 1-3 所示。

馈线终端（FTU）是安装在配电网架空线路杆塔等处的配电终端，按照功能分为"三遥"终端和"二遥"端，其中"二遥"终端又可分为基本型终端、标准型终端和动作型终端。"二遥"基本型用于接受故障指示器发出的线路故障信息，并具备故障报警信息上传功能；"二遥"标准型用于配电线路遥测、遥信及故障信息的监测，实现本地报警并具备报警信息上传功能；"二遥"动作型用于配电线路遥测、遥信及故障信息的监测，并能实现就地故障自动隔离与动作信息主动上传。馈线终端如图 1-4 所示。

图 1-3　站所终端　　　　　　　图 1-4　馈线终端

配变终端（TTU）是安装在配电变压器低压出线处，用于监测配电变压器（简称配变）各种运行参数的配电终端。

四、配电自动化通信

配电自动化通信系统是指提供数据传输通道，实现配电主站与配电终端信息交换的通信系统，包括配电通信网管系统、通信设备和通信通道。在配电自动化系统中，应用最广泛的是光纤通信、电力线载波、无线公网、无线专网等方式。

光纤通信是以光波为传输载体，以光导纤维为传输介质的通信方式，当前配电自动化系统常用的光纤通信技术有以太无源光网络和光纤工业以太网。

以太网无源光网络（Ethernet Passive Optical Network，EPON）采用点到多点结构、无源光纤传输，在物理层采用 PON（无源光网络）技术，即 OLT（光线路终端）和 ONU（光网络单元）之间没有任何有源的设备，而只使用光纤和无源光分路器等无源器件，在链路层使用以太网协议，利用 PON 的拓扑结构实现以太网的接入，综合了 PON 技术和以太网技术的优点，即成本低、带宽高、拓展性强、服务重组灵活快速、与现有以太网兼容、管理方便等特点。以太网无源光网络结构如图1-5所示。

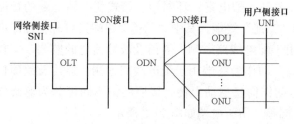

图1-5 以太网无源光网络结构图

工业以太网是在以太网和TCP/IP技术的基础上开发出的一种工业用通信网络,可在光缆和双绞线上传输,并针对工业环境对工业控制网络可靠性的超高要求,加强了冗余功能。

电力线载波是以与要传输路径相同的电力线路为传输媒介,通过结合滤波设备,将要传输的数据等低频、低电压信号转变为能在高压线路上传输的高频信号,在线路上传输并在接收端将信号还原的一种通信方式。

无线通信是利用电磁波信号可以在自由空间中传播的特性,进行信息交换的一种通信方式,按照网络性质分为无线公网和无线专网。

无线公网通信是利用公共的无线网络资源进行信息交换的通信方式,主要优点是基础资源丰富、投资少、组网方便灵活,缺点是业务拓展性较差、应急抗灾能力差、易受周边环境影响,无线公网系统组成结构图如图1-6所示。

无线专网利用自有网络,容易拓展业务,可以满足中低压配电网通信的需求,带宽大,安全性较高,可实现"三遥"业务。缺点是需要申请专用无线频率,可能存在部分覆盖盲区。

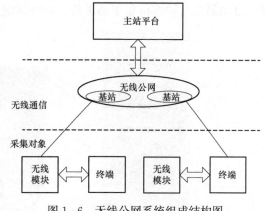

图1-6 无线公网系统组成结构图

五、馈线自动化

馈线自动化(Feeder Automation,FA)是利用自动化装置或系统监视配电网的运行状况,及时发现配电网故障,进行故障定位、隔离和恢复对非故障区域的供电,可分为集中型馈线自动化、就地型馈线自动化两种。

(1)集中型馈线自动化是通过配电自动化主站系统收集配电终端上送的故障信息,综合分析后定位出故障区域,再采用遥控方式进行故障隔离和非故障区域恢复供电。

(2)就地型馈线自动化是指在配电网发生故障时,不依赖配电主站控制,通过配电终端相互通信、保护配合或时序配合,实现故障区域的隔离和非故障区域供电的恢复,并上报处理过程及结果。按照是否需要通信配合,又可分为智能分布式馈线自动化和不依赖通信的重合器式馈线自动化,如电压时间型、电压电流时间型、综合自适应型等。

1)电压时间型馈线自动化是通过开关"无压分闸、来电延时合闸"的工作特性,配合变电站出线开关二次合闸实现故障隔离与恢复,一次合闸隔离故障区间,二次合闸恢复非故障段供电。

2)电压电流时间型馈线自动化通过检测开关的失压次数、故障电流流过次数,结合重合闸实现故障区间的判定和隔离。通常配置三次重合闸,一次重合闸用于躲避瞬时性故障,线路分段开关不动作，二次重合闸隔离故障，三次重合闸回复故障点电源侧非故障段供电。

综合自适应型馈线自动化通过"无压分闸、来电延时合闸"方式，结合短路/接地故障检测技术与故障路径优先处理控制策略，配合变电站出线开关二次合闸，实现多分支多联络配电网架的故障定位与隔离自适应，一次合闸隔离故障区间，二次合闸恢复非故障段供电。

第二节　常用二次回路介绍

一、遥测回路

（一）交流电流回路

交流电流回路主要用于采集配电线路和台变各侧电流供终端使用。通过电流互感器（TA 或 CT）将一次设备的大电流转换成方便测控装置使用的标准二次小电流，1A 或 5A。交流电流回路常用星形接线如图 1-7 所示。

（二）交流电压回路

电压互感器（TV 或 PT）是隔离高电压，供配网终端和测量仪表获取一次电压信息的传感器。它与电流互感器不同的是，电压互感器的二次负载阻抗一般较大，当电压互感器二次回路短路时，二次回路的阻抗接近为 0，二次电流将变得非常大，如果没有保护措施，将会烧坏电压互感器。所以电压互感器的二次回路不能短路。在配电系统交流电压二次回路中，通常采用两种接线方式。一种是由 2 个电压互感器组成的 V-V 接线，其电压互感器 V-V 接线图如图 1-8 所示。

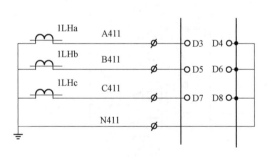

图 1-7　交流电流回路图

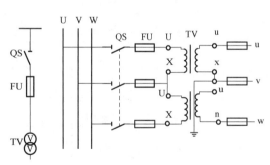

图 1-8　电压互感器 V-V 接线图

两个电压互感器一次绕组分别接在线路 AB 和 BC 相上，禁止接地，二次绕组为防止高压串入必须一点接地，这种接线方式多适用于中性点不接地系统或经消弧线圈接地系统（小电流接地系统）。额定输出电压一般为 57.7、100V 等。这种接线方式不能直接采集单相电压。

另一种是由三个单相电压互感器接成星形接线方式，其电压互感器 Y-Y 接线如图 1-9 所示。

电压互感器的一次绕组接成星形，互感器接于相地之间，测量的是相对地电压。由于一次绕组阻抗极高，采用中性点一点接地时并不表示该系统中性点接地。为简化接线和节约成本，35kV 及以下配电网系统中通常采用 V-V 形接线，而 Y-Y 接线方式在 35kV 及以上电

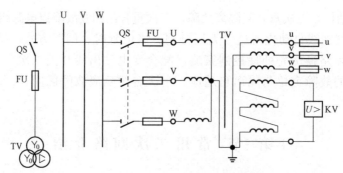

图 1-9 电压互感器星形 - 星形接线图

网中得到广泛应用。

二、遥信回路

遥信回路的作用是：准确及时地显示出相应一次设备的运行工作状态，为运行人员提供操作、调节和处理故障的可靠依据。如采集开关、隔离开关、操作把手等的位置信息，配电终端及其他终端装置的启动、动作、告警、事故信号等。通过配电主站可以及时发现与分析设备故障。遥信回路的原理如图 1-10 所示。

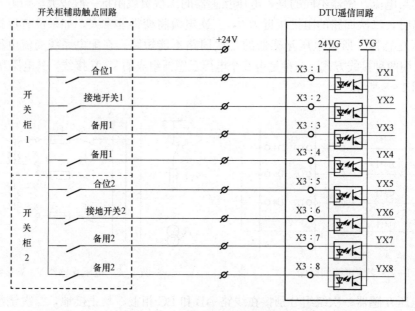

图 1-10 常规遥信信号回路图

遥信回路是通过判断空接点的开、闭来反映其状态的，主要原理是在接点的一端接入信号采集电源，另一端接入终端采集的开入点，当接点变位时，终端开入点电位翻转，回路导通（断开），通过光电耦合器引入装置内部，终端主程序即接收到开入量状态信息。遥信开入原理如图 1-11 所示。

根据电压等级不同，信号回路又可以分为两种：弱电（24V、48V）和强电信号（220V）。弱电信号回路的优点是电压低，安全性好，不会危及人身安全，其缺点是信号传输距离有限，抗干扰能力弱，而强电回路具有抗干扰、信号传输距离远、稳定及灵敏的特点。

三、遥控回路

控制回路的作用是：对配电网系统的开关设备进行就地或远方跳、合闸操作，以满足改变配电网主系统运行方式及处理故障的要求。控制系统是由控制器具（装置）、控制对象（断路器、隔离

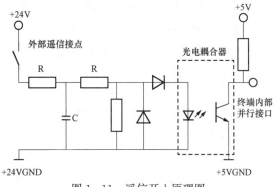

图 1-11　遥信开入原理图

开关）及控制网络构成。控制方式包括远方控制和就地控制。远方控制有配电站端控制和调度（或集控中心）端控制方式。就地控制有操动机构处和配电屏柜处控制方式。常见的断路器遥控回路原理图如图 1-12 所示，图中为断路器分闸状态。

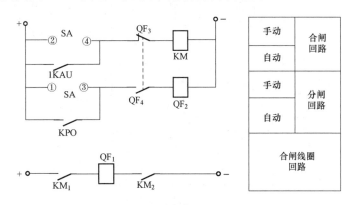

图 1-12　断路器遥控回路图

由图 1-12 可知，当断路器需要合闸时，通过将人工操作把手 SA 或后台远程控制继电器 1KAU 动作，正电源经开关动断辅助触点 QF3 将合闸接触器 KM 线圈励磁，KM 触点闭合，合闸线圈 QF1 得电励磁，启动断路器操动机构合闸。开关合闸后，串于合闸回路的断路器动断触点打开，断开合闸回路。当断路器需要分闸时，通过人工操作把手 SA 或后台远程控制继电器 KPO 动作，正电源经开关动合辅助触点 QF4 将跳闸线圈 QF2 励磁，将断路器操动机构脱扣，完成分闸，串于跳闸回路的断路器动合触点打开，断开跳闸回路。

断路器的控制回路必须完整、可靠，还应满足以下要求：

（1）断路器的合、跳闸回路是按照短时通电设计的，操作完成后，应迅速切断合、跳闸回路，解除命令脉冲，以免烧坏合、跳闸线圈。为此，在合、跳闸回路中，接入断路器的辅助触点，既可将回路切断，又可为下一步操作做好准备。

（2）能手动合闸、跳闸，也能由继电保护与自动化装置实现自动合闸、跳闸。

（3）控制回路应具有反映断路器状态的位置信号和自动合、跳闸的不同显示信号。

（4）无论断路器是否带有机械闭锁，都应具有防止多次合、跳闸的电气防跳措施。

（5）对控制回路及其电源是否完好，应能进行监视。

（6）对于采用气压、液压和弹簧操作的断路器，应有压力是否正常、弹簧是否拉紧到位的监视回路和闭锁回路。

（7）接线应简单可靠，使用电缆芯数应尽量少。

四、电源回路

配电终端的工作电源通常取自线路 TV，特殊情况下可使用附近的低压交流电（比如市电），供电电压一般为 AC 220V，屏柜内部安装电源模块，可将交流 220V 转换成直流 24/48V，给终端、开关操动机构等供电，为保证可靠性还配备可无缝投切的后备电源（蓄电池）。

配电终端的电源回路通常由防雷回路、双电源切换、整流回路、电源输出、充放电回路、后备电源、信号回路等几个部分构成，电源回路构成示意图如图 1-13 所示。

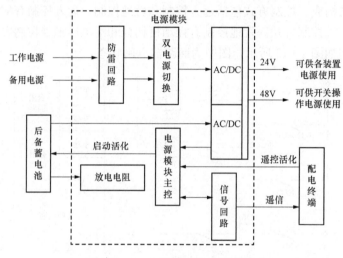

图 1-13　电源回路构成示意图

（1）防雷回路。为防止雷电和内部过电压的影响，配电终端电源回路必须具备完善的防雷措施，通常在交流进线安装滤波器和防雷模块。

（2）双电源切换。为提高配电终端电源的可靠性，在能够提供双路交流电源的场合（如在柱上开关安装两侧 TV、环网柜两条进线均配置 TV、站所两段母线配置 TV 等），能够对双路交流电源进行自动切换。

（3）整流回路。负责把输入的交流电转换成可供终端和断路器使用的直流电。

（4）电源输出。将整流回路或蓄电池的直流输出给测控单元、通信终端以及开关操作机构供电，具有外部输出短路保护功能。

（5）蓄电池充放电回路。用于蓄电池的充放电管理。在蓄电池容量缺额比较大时，首先采用恒流充电；在电池电压达到额定电压后采用恒压充电方式；当充电完成后，转为浮充电方式。放电回路接有放电电阻，可以定期对蓄电池活化，恢复其容量。

（6）后备电源。在失去交流电源时持续提供直流输出，以保证配电终端、通信终端及开关机构在故障时能正确动作，上送异常信息。

配电终端电源回路的功能要求如下：

（1）应支持双交流供电方式。

（2）应能实现对供电电源的状态进行监视和管理。具备后备电源低压告警、欠压切除等保护功能，并能将电源供电状况以遥信方式上送到主站系统。

（3）具有智能电源管理功能。应具备电池活化管理功能，能够自动、就地手动、远方遥控实现对蓄电池的充放电，且放电时间间隔可进行设置。

第三节　配电自动化终端检测技术要求

一、检测类别

（一）型式试验

以下情况需要进行型式试验：

（1）新产品定型或老产品转厂生产时。

（2）每两年一次。

（3）设计和工艺有重大改进，可能影响产品性能时。

（4）合同规定有型式试验要求时。

（5）国家或公司质量监督机构提出进行型式试验的要求时。

（二）出厂检测

配电终端生产企业在产品出厂前需进行出厂检测，检验合格方可出厂。

（三）抽样检测

批量生产或连续生产的设备在验收时，或根据配电自动化系统及配电终端运行工况，可安排进行配电终端抽样检测。每种型号抽样检测率不少于15％，抽检工作由用户组织。

（四）到货检测

设备到货后，在安装至现场前，进行配电终端到货检测。

二、检测条件

（一）气候环境条件

除静电放电抗扰度试验相对湿度应在30％～60％外，其他各项试验均在以下大气条件下进行。

（1）温度：+15～+35℃。

（2）相对湿度：25％～75％。

（3）大气压力：86～108kPa。

（4）在每一项目的试验期间，大气环境条件应相对稳定。

（二）测量仪表准确度等级要求

（1）所有标准表的基本误差应不大于被测量准确度等级的1/4，推荐标准表的基本误差应不大于被测量准确度等级的1/10。

（2）标准仪表应有一定的标度分辨率，使所取得的数值等于或高于被测量准确度等级的1/5。

（三）电源条件

（1）频率：50Hz，允许偏差 −2％～+1％。

（2）电压：220V，允许偏差 ±5%。

（3）在每一项目的试验期间，电源条件应相对稳定。

第四节　配电自动化设备调试基本流程及安全措施

一、基本流程

配电自动化设备调试流程可分为准备阶段、实施阶段、结束阶段。

（一）准备阶段

（1）现场勘查。

（2）编制信息点表并提交配调审核。

（3）熟悉作业内容、危险源点、安全措施、作业标准、安全注意事项等内容。

（4）准备好作业所需仪器仪表、工器具、最新整定单、相关材料。

（5）根据现场工作时间和工作内容填写工作票。

（二）实施阶段

（1）调试前准备、做好安全措施。

（2）试验电源准备及检查。

（3）通用检查（含终端及一次设备检查、二次回路检查、设备上电）。

（4）参数配置。

（5）遥测功能试验。

（6）遥信功能试验。

（7）遥控功能试验。

（8）保护及 FA 功能试验。

（9）报文分析。

（10）安全防护。

（11）绝缘试验。

（12）整组传动，与配调核对"三遥"信息。

（13）恢复安措。

（14）恢复一次设备初始状态。

（15）按要求恢复终端空气开关、把手、压板状态。

（三）结束阶段

（1）汇报调试完毕。

（2）带负荷测试。

（3）完成调试报告。

二、安全措施

对配电自动化设备进行调试，要采取有效措施防止 TV 短路、TA 开路，防止开关误动。防止操作不当引起人身事故或设备损坏，应将相应的安全措施按顺序列入对应的安全措施票，按步骤执行和恢复。按实际工作类型分为以下几种安全措施。

（一）电压回路调试

（1）在带电的电压互感器二次回路上工作，应采取措施防止电压互感器二次侧短路或接地。接临时负载时，应装设专用的隔离开关和熔断器。

（2）电压互感器的二次回路通电试验时，应将二次回路断开，并取下电压互感器高压熔断器或拉开电压互感器一次侧隔离开关，防止二次侧向一次侧发送电。

（3）配电自动化设备外接测量或电源电压时，应首先将电压端子排上的联片拨开，保证配电自动化装置与 TV 的二次侧断开，防止电压反冲到高压回路。

（4）工作中禁止将 TV 的永久接地点断开，禁止 TV 多点接地。

（二）电流回路调试

在带电的电流互感器二次回路上工作，应采取措施防止电流互感器二次侧开路。短路电流互感器二次绕组，应使用短路片或短路线，禁止用导线缠绕。

配电自动化设备外加电流前，应首先将电流端子排 TA 侧的 A、B、C 分别与 N 相用短路片或短路线短接，再将电流端子排上对应拨片拨开，将 TA 二次侧与配电自动化设备隔离。安全措施完成后，才可以用测试仪给配电自动化设备加入模拟量。

工作中禁止将 TA 的永久接地点断开，禁止 TA 多点接地。

（三）遥控回路调试

遥控回路检修时要采取有效措施防止相邻运行开关误动，将被检修开关操作方式选择把手由"远方"切至"就地"或"闭锁"位置，退出遥控分合闸压板，必要时断开电动操作机构电源。在站所调试，需要远程开关传动试验时，征得调度同意后将相邻开关操作把手打至"就地"，完成后立即恢复。

（四）遥信回路调试

遥信回路检修时，一般用设备实际位置核对，无法操作时可用短路线模拟遥信变位，严格核对遥信端子，防止将遥控回路短接造成的开关误动，或造成电源回路短路跳闸。

安全措施：把手由"远方"切至"就地"或"闭锁"位置、退出遥控分合闸压板、断开电动操作机构电源（必要时）。

（五）电源模块、蓄电池调试

电源模块检修时采用可靠的绝缘遮蔽措施防止电源短路、触电事故。蓄电池检修时要注意防止直流短路，拆开的电源线要及时进行绝缘包裹。进行电源模块、蓄电池调试时的安全措施：断开名称编号开关、蓄电池的电源开关、对可能触及的裸露接头、端子进行绝缘包裹、对可能造成短路的 L、N 极，正、负极进行绝缘遮蔽。

（六）软件升级、参数修改

对配电自动化核心单元进行软件升级、工控加密、定值修改、参数配置等时，要注意防止引起开关误动、保护误动、告警误发等。软件升级/参数修改后要进行持续观察，确认无误。注意升级前要做好装置原始参数、定值的备份，升级完成后需重新核对相关参数后方可投运。

安全措施：把手由"远方"切至"就地"或"闭锁"位置、退出对应的遥控分合闸压板，必要时断开电动操作机构电源。持续观察，确认无误后方可离开。

（七）板件更换

配电终端板件更换前确认新旧板件的型号、板号一致，同时注意防止开关误动，尤其是对遥控板件更换时，需测量遥控公共端与分、合闸端子之间均无电压后方可投入使用。更换CPU等有软件信息的板件，需要核对新旧板件上的跳线位置，更换后的参数、定值、软件版本与原来保持一致。

安全措施：把手由"远方"切至"就地"或"闭锁"位置、退出遥控分合闸压板、断开电动操作机构电源、更换板件、确认遥控公共端与分合闸端子之间均无电压。

第二章 DTU 装置调试

▶ 第一节 PDZ920 DTU 装置简介

PDZ920DTU 是国电南瑞科技股份有限公司为满足配电网自动化建设，以及分布式电源接入配电网发展需求研制的新一代智能配电终端。适用于 35kV 及以下环网柜、箱式变电站和开关站等应用场合，可安装在被控一次设备附近，就地实现保护、信息采集、故障检测、执行远方控制命令等各种功能，支持嵌入式 Web、远程维护。PDZ920 - DTU - 8 - R（8 间隔）有 32 路模拟量通道（6 路电压、24 路电流、2 路直流通道），开入量 56 路、开出量 16路，装置工作电源 24V。

一、装置硬件配置

PDZ920 DTU 主要由 AC 插件、CPU 插件、BIO 开入开出插件、POW 插件及面板组成，插件数量可根据不同工程需求灵活配置。PDZ920 - DTU - 8 - R（8 间隔）插件配置如图 2 - 1 所示。

PDZ920 - DTU - 8 - R（8 间隔）硬件结构如图 2 - 2 所示。

1. POW 电源插件（RP3704A）

POW 电源插件（RP3704A）的输入电源为 24/48V，主要功能为将外部输入电源变换为装置内部各模块需要的标准电压，也输出标准的直流电源供外部设备使用，本插件还包含了 2 个开出控制，用于蓄电池活化控制。

2. AC 交流插件（RP3405A、RP3404）

AC 交流插件主要作用是进行模拟量采集后，变换为标准直流电压信号供 CPU 使用。RP3405A 插件包含 6 路交流电压通道、3 路交流电流通道、2 路直流电压通道。RP3404 交流插件主要包含 15 路电流通道，实际通道数量厂家可以按需要配置。现场可根据实际需要接线，采集母线电压、各间隔电流等。

3. CPU 插件（RP3001E2）

该插件是装置核心部分，装置采样率为每周波 32 点，在每个采样点对所有测控算法和逻辑进行并行实时计算，使得装置具有很高的精度和固有可靠性及安全性。本插件的通信模块可通过以太网口、RS - 232/485 串口与主站或本地电脑通信，实现报文收发、标准天文对时等功能。软件系统支持网络 IEC101/103/104、IEC6 1850 等规约。

4. BIO 插件（RP3303D）

BIO 插件（RP3303D）主要作用是开关量遥信的采集和遥控输出，本插件可实现 4 路遥控输出、14 路遥信开入采集。

5. PDZ920 DTU 人机接口前面板

PDZ920 DTU 前面板可实现部分人机交互功能，通过观察指示灯的亮灭、颜色可快速

AC		AC		AC		CPU	BIO	BIO	BIO	BIO	NULL	POW
U1	U1'	I1	I1'	I1	I1'	ETH1	合1	合1	合1	合1		开关
U2	U2'	I2	I2'	I2	I2'		分1	分1	分1	分1		
U3	U3'	I3	I3'	I3	I3'	ETH2	COM	COM	COM	COM		
U4	U4'	I4	I4'	I4	I4'		合2	合2	合2	合2		
U5	U5'	I5	I5'	I5	I5'		分2	分2	分2	分2		FGND
U6	U6'	I6	I6'	I6	I6'		COM	COM	COM	COM		L
I1	I1'	I7	I7'	空端子	空端子	DBG-R	BI1	BI1	BI1	BI1		N
I2	I2'	I8	I8'	空端子	空端子	DBG-T	BI2	BI2	BI2	BI2		
I3	I3'	I9	I9'	空端子	空端子	DBG-G	BI3	BI3	BI3	BI3		OUT24+
空端子	空端子	I10	I10'	空端子	空端子	R1/T1	BI4	BI4	BI4	BI4		OUT24-
DC1	DC1'	I11	I11'	空端子	空端子	T1/B1	BI5	BI5	BI5	BI5		BO1
DC2	DC2'	I12	I12'	空端子	空端子	232G1	BI6	BI6	BI6	BI6		BO2
		I13	I13'			R2/T2	BI7	BI7	BI7	BI7		COM
		I14	I14'			T2/B2	BI8	BI8	BI8	BI8		
		I15	I15'			R3/T3	BI9	BI9	BI9	BI9		
						T3/B3	BI10	BI10	BI10	BI10		
						R4/T4	BI11	BI11	BI11	BI11		dbg
						T4/B4	BI12	BI12	BI12	BI12		
						232G2	BI13	BI13	BI13	BI13		lcd
						FGND	BI14	BI14	BI14	BI14		
							空端子	空端子	空端子	空端子		
							COM	COM	COM	COM		
RP3405A		RP3404A		RP3404D		RP3001E2	RP3304D	RP3304D	RP3304D	RP3304D	RP3000D	RP3704A

图 2-1　PDZ920-DTU-8-R 插件配置图

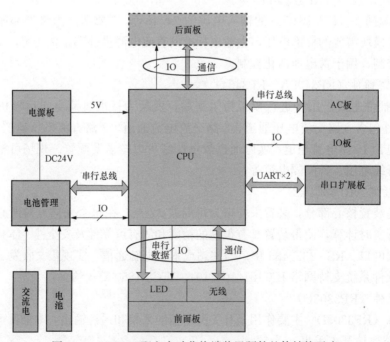

图 2-2　PDZ920 配电自动化终端装置硬件整体结构示意

判断终端状态，指示灯分布如表 2-1 所示。

表 2 - 1　　　　　　　　　　PDZ920 DTU 装置前面板指示灯分布

指示灯	含义/状态	颜色	指示灯	含义/状态	颜色	指示灯	含义/状态	颜色
指示灯 1	电源	绿色	指示灯 8	COM1	绿色	指示灯 15	遥信 4	绿色
指示灯 2	WIFI	绿色	指示灯 9	COM2	绿色	指示灯 16	电池欠压	黄色
指示灯 3	LINK	绿色	指示灯 10	线路故障	红色	指示灯 17	遥信 5	绿色
指示灯 4	运行	绿色	指示灯 11	遥信 1	绿色	指示灯 18	遥信 6	绿色
指示灯 5	ETH1	绿色	指示灯 12	遥信 2	绿色	指示灯 19	通信异常	红色
指示灯 6	ETH2	绿色	指示灯 13	活化	绿色	指示灯 20	告警	红色
指示灯 7	异常	红色	指示灯 14	遥信 3	绿色	指示灯 21	遥控操作	绿色

二、装置主要功能配置

（一）测控功能

（1）可实现线路的交流量采集，可输出线路的电压、电流、零序分量、线电压有效值，并计算出每条线路的有功功率、无功功率、功率因数、频率、谐波等参量。

（2）可实现线路的开关量采集，装置可采集配电一次设备状态，支持当遥信量发生改变时进行记录并打上时标，形成事件顺序记录（Sequence of Events，SOE）。

（3）可实现对设备的遥控功能，可完成对一次开关的就地或远程分合闸操作、对蓄电池的远程充放电控制。

（二）通信功能

（1）2 个以太网接口可配置支持 IEC61850（选配）、IEC104、IEC 60870 - 5 - 103 规约，与监控后台或调度通信。

（2）对时功能，支持 NTP 对时，支持 IEC101、IEC104 等通信对时。

（3）标配 4 个串口可用于与其他设备或调度进行通信，支持 IEC101 等规约。

（4）支持嵌入式 Web，远程程序和配置下载，实现远端调试和维护。

（三）保护功能

三段式方向过电流保护、零序过电流保护、过电压告警、低电压告警、失电压告警。

（四）辅助功能

完善的自检功能，掉电告警功能，完善的 SOE 记录、事件记录、操作记录，录波功能，单相接地检测功能。

▶ 第二节　调试前检查

一、资料检查

在正式开始 DTU 调试前，应检查以下资料是否齐全：

（1）开关柜二次部分接线原理图、端子排图。

（2）DTU 柜二次部分接线原理图、端子排图。

（3）配电自动化终端（DTU）"三遥"联调信息点表。

（4）作业指导书、定值单或其他现场作业文件资料。

二、工器具检查

在正式开始 DTU 调试前，应检查以下工器具是否齐全：万用表、钳形电流表、绝缘电阻表、螺丝刀或组合工具、尖嘴钳、斜口钳、剥线钳、调试网线、杜邦线、串口转 USB 线。

三、仪器设备检查

在正式开始 DTU 调试前，应检查以下仪器设备是否齐全：

（1）继电保护测试仪，配套电源线，电压、电流、信号、接地试验线，试验线夹，试验插针等，确保继电保护测试仪上电自检正常。

（2）调试用电脑，配套鼠标、电源适配器等，电脑开机正常，配套软件安装正常。

（3）安防用测试 Ukey。

四、外观检查并记录

（1）检查并记录开关、隔离刀闸、接地开关等一次设备的初始状态。

（2）检查 DTU 柜、开关柜与地网之间的接地是否紧密连接。

（3）检查并记录 DTU 柜空气开关、压板、远方/就地切换把手的初始状态。

（4）检查开关柜标识牌、标签纸是否正确悬挂和张贴，并记录铭牌标识信息。

（5）检查 DTU 柜标识牌、标签纸是否正确悬挂和张贴，并记录铭牌标识信息。

五、调试风险识别及防范措施

（一）风险识别

（1）使用继电保护测试仪时，未将其外壳接地。

（2）使用继电保护测试仪输出模拟量时，人体误碰电压电流回路导线裸露部分。

（3）外接测试或电源电压时，二次侧向一次侧反送电。

（4）交流电源负荷侧短路、接地。

（5）直流电源极性错误，负荷侧短路、接地。

（6）开关柜 SF_6 气体指示状态异常时，手动或遥控操作开关。

（7）进行遥测加量试验时，TA 二次回路开路、TV 二次回路短路。

（8）万用表使用电阻挡进行电压测量。

（9）调试过程中，踩踏试验线，电流、电压、信号试验线混用。

（10）误碰运行间隔操作把手。

（11）终端定值误整定。

（二）防范措施

（1）继电保护测试仪开机前做好设备接地。

（2）使用继电保护测试仪时，人体与电压、电流输出回路保持一定的安全距离，严禁直接触碰。

（3）设备上电前，测量交流电压正常，无短路，负荷侧无接地，方可合上交流电源空气开关。

（4）测量直流蓄电池电压、电源模块输出电压正常、极性正确，负荷侧无短路，无接地，方可合上蓄电池电源空气开关。

（5）检查开关柜 SF$_6$ 气体指示状态正常，方可操作开关。

（6）电流二次回路加量前，需打开 TA 侧电流端子连片，并检查无开路后加量。

（7）电压回路加量前，需打开电压输入空气开关，并检查无短路后加量。

（8）使用万用表前，应确认万用表当前挡位。

（9）调试接线过程中，合理排布试验线，避免踩踏试验线。正确使用电流、电压、信号试验线，禁止混用。

（10）作业前核对开关双重名称。

（11）定值整定先修改定值大小，后设置定值投退。

▶ 第三节　维护软件配置及连接

一、维护电脑网络配置

PDZ920 DTU 的 CPU 插件有两个网口：ETH1、ETH2。ETH1 默认为主站网口，ETH2 网口默认为调试网口。使用网线连接调试电脑和 ETH2 网口，根据现场提供的 ETH2 网口 IP 地址，将调试电脑的 IP 地址设置为 ETH2 网口 IP 地址同一网段。例如 ETH2 网口地址为 192.168.2.101，可将调试电脑 IP 设置为 192.168.2.100，子网掩码默认为：255.255.255.0。

调试电脑的 IP 设置如图 2-3 所示。

调试电脑 IP 设置完毕后，检查确认装置上电运行正常，使用 PING 命令，确认调试电脑与 DTU 装置网络通信正常。

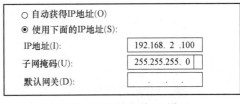

图 2-3　调试电脑 IP 设置

二、维护软件连接配置

PDZ920 DTU 装置调试工具为 IECManager 软件。

（1）在调试电脑中找到该软件，双击打开。单击【打开子站】，选择默认工程配置文件（pcf 文件），单击"打开"。打开工程配置文件的界面如图 2-4 所示。

图 2-4　打开工程配置文件

（2）右键单击 netB（192.168.2.101：89），单击【编辑装置】，如图 2 - 5 所示。【装置 103 地址】填写 89，【装置 IP 地址】填写 192.168.2.101（即装置本身的维护网口地址），【装置类型配置】选择 PDZ920，单击"确定"，如图 2 - 6 所示。

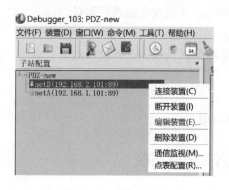

图 2 - 5　编辑装置

图 2 - 6　编辑装置参数配置

（3）右键单击 netB（192.168.2.101），单击【连接装置】。连接成功后，调试工具显示操作界面如图 2 - 7 所示，包括菜单栏、工具栏、定值参数配置、遥测/遥信/遥控、显示窗口和报文窗口。

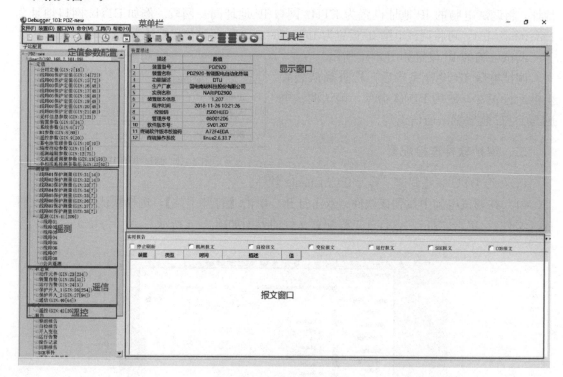

图 2 - 7　调试工具操作界面

▶ 第四节　常用定值参数配置

定值参数配置包括【公用定值】【线路 01～08 保护定值】【装置参数】【系统参数】【BI

参数】【遥控参数】【蓄电池管理参数】【精度校验参数】【遥测越限参数】【交流通道调整参数】【单相接地检测参数组】等，维护软件具备【刷新】【下装】【导入】【导出】功能，现场可根据配调提供的定值单通过软件对终端进行定值整定、参数设置等。定值参数配置界面如图 2-8 所示。

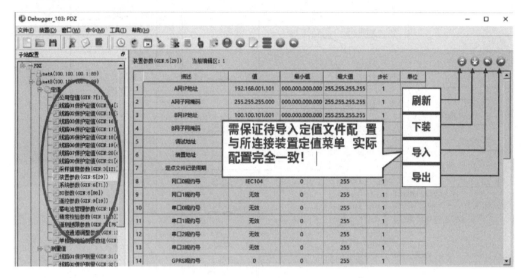

图 2-8　定值参数配置界面

第五节　遥　测　试　验

遥测试验主要是为了检验配电终端遥测量精度，同时通过在 TV 或 TA 一次侧加量也可验证互感器安装是否正常、变比是否正确，以及配电终端和主站配置是否正确。若无一次侧加量条件时也可从二次侧加模拟量开展遥测传动，查看现场输入电流（电压）值是否与后台电流（电压）值在一定的误差范围内，有功、无功等其他模拟量是否显示正确。

一、模拟量采样测试

（一）采样回路

采样回路包含交流电压（分Ⅰ、Ⅱ段母线电压）、直流电压、零序电压、交流电流采样。模拟量采样回路原理图如图 2-9 所示。

交流电压由 TV 二次侧到 DTU 配电柜中 UD 输入端子排，也可同时并接到同屏线损单元电压输入端子排，经过交流电压空气开关 1ZKK1、1ZKK2 进入核心单元采样插件（AC板）。交流电流由 TA 二次侧到 DTU 配电柜中，经 ID 端子排输入后直接进入核心单元采样插件，也可继续串接到同屏线损计量装置中。直流电压采样由 DTU 中 DD 端子排输入后进入核心单元采样插件。

核心单元中模拟量采样插件定义如表 2-2 所示。

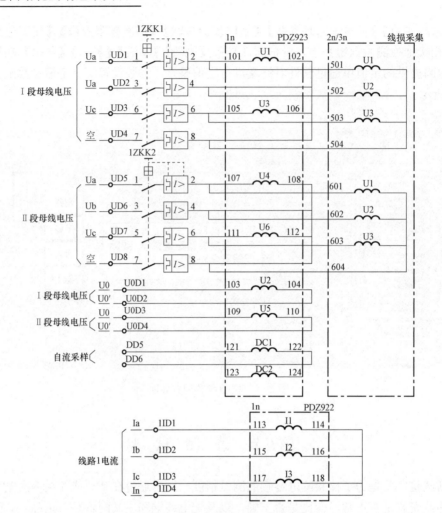

图 2 - 9　模拟量采样回路原理图

表 2 - 2　　　　　　　　核心单元中模拟量采样插件端子定义

端子号	端子定义	端子号	端子定义
01	U1，线电压 Uab 对应 A 相输入端	13	I3，C 相保测一体电流极性端
02	U1′，线电压 Uab 对应 B 相输入端	14	I3′，C 相保测一体电流非极性端
03	U2，线电压 Ucb 对应 C 相输入端	15	I4，A 相保测一体电流极性端
04	U2′，线电压 Ucb 对应 B 相输入端	16	I4′，A 相保测一体电流非极性端
05	U3，线电压 Uab 对应 A 相输入端	17	I5，B 相/零序保测一体电流极性端
06	U3′，线电压 Uab 对应 B 相输入端	18	I5′，B 相/零序保测一体电流非极性端
07	U4，线电压 Ucb 对应 C 相输入端	19	I6，C 相保测一体电流极性端
08	U4′，线电压 Ucb 对应 B 相输入端	20	I6′，C 相保测一体电流非极性端
09	I1，A 相保测一体电流极性端	21	DC1，蓄电池直流电压正极输入端
10	I1′，A 相保测一体电流非极性端	22	DC1′，蓄电池电压负极输入端
11	I2，B 相/零序保测一体电流极性端	23	DC2，备用直流电压正极输入端
12	I2′，B 相/零序保测一体电流非极性端	24	DC2′，备用直流电压负极输入端

遥测试验主要是为了检验配电终端遥测量精度，通过遥测试验还可以验证配电终端、主站遥测参数配置是否正确。配电终端投运前必须进行遥测量整组检验。

1. DTU遥测试验要求

对于DTU可用TA一次侧加电流方法，检验TA安装是否正常、变比是否正确。若无一次加量条件时也可从二次加模拟量进行遥测试验。查看现场测试仪输入电流值是否与后台（维护软件、模拟主站）电流值在一定的误差之内。建议在开关柜本体A、B、C三相TA处加相等大小、角度互差120°电流，并查看是否存在零序电流。同时与主站核对加量值。在一次侧加电流应考虑持续加流时间不宜过长，避免损坏TA或测试线过热损毁。

2. 测试方法

（1）采样精度要求。配电终端遥测量测量精度：电流测量值0.5级，电压测量值0.5级，有功功率1级，无功功率1级。

（2）采样精度校验。测试配电终端电压、电流的采样精度，应分别校验0.2、0.8、1.0、1.2倍额定值等多个点的采样精度。

（3）检验方法。在测试仪设置输出的上述点位的电流、电压信号的幅值及角度，通过维护软件和模拟主站查看对应显示值是否符合误差范围要求。

（二）软件配置

与遥测相关的参数配置主要有【公用定值】【采样信息参数】。

【公用定值】中与遥测相关的参数主要有【保护零序电压/电流自产】，若现场通过零序TV将零序电压接入装置，此处零序电压参数需要设置为外接，若现场未接入外部零序电流，此处零序电流参数需要设置为"自产"。软件界面如图2-10所示。

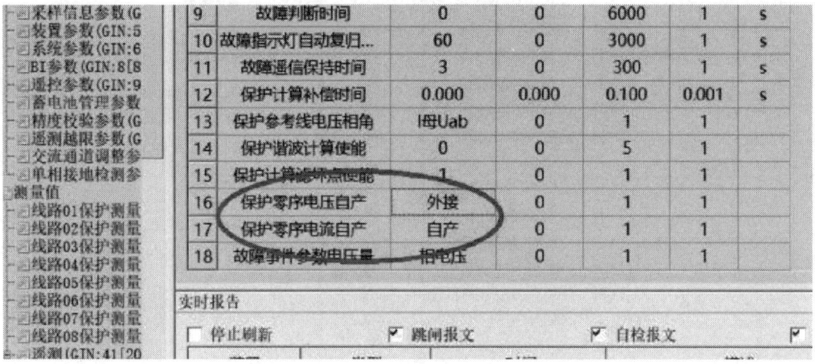

图2-10 【公用定值】软件配置界面

【采样信息参数】中需要注意的参数包括以下几种。

（1）【AC板个数】：本装置实际有3块采样插件，因此需要设置为3。

（2）【AC板1~4通道数】：根据现场实际接线，分别设置为16，16，16，0。

（3）【AC板1~4保护线路条数】：根据现场实际应用，分别设置为1，5，5，0。

（4）【通道01~64属性配置】：分别配置通道01~64的采样属性，例如通道01实际接线为I母A相电压，则相应通道中配置I母Ua。注意通道01~64采样属性不可重复配置。

【采样信息参数】软件配置如图2-11所示。

	描述	值	最小值	最大值	步长	单位
31	电流通道14次谐波系数	1.019888	0.800000	1.500000	0.000...	
32	电流通道15次谐波系数	1.023018	0.800000	1.500000	0.000...	
33	AC板个数	3	0	4	1	
34	AC板1通道数	16	0	24	1	
35	AC板2通道数	16	0	24	1	
36	AC板3通道数	16	0	24	1	
37	AC板4通道数	16	0	24	1	
38	AC板1保护线路条数	1	0	8	1	
39	AC板2保护线路条数	5	0	8	1	
40	AC板3保护线路条数	5	0	8	1	
41	AC板4保护线路条数	5	0	8	1	
42	通道01属性配置	I母Ua	0	65535	1	
43	通道02属性配置	I母U0	0	65535	1	
44	通道03属性配置	I母Uc	0	65535	1	
45	通道04属性配置	II母Ua	0	65535	1	
46	通道05属性配置	II母U0	0	65535	1	
47	通道06属性配置	II母Uc	0	65535	1	
48	通道07属性配置	无	0	65535	1	
49	通道08属性配置	无	0	65535	1	
50	通道09属性配置	01线路Ia	0	65535	1	

图 2-11　【采样信息参数】软件配置界面

（5）【线路 01～08 电压组号】：根据实际应用，配置线路 01～08 的电压组号。例如线路 01 使用 I 母电压，则相应的电压组号中选择"I 母"。此处应注意如果电压组号配置错误，可能造成功率计算错误。相应的软件配置如图 2-12 所示。

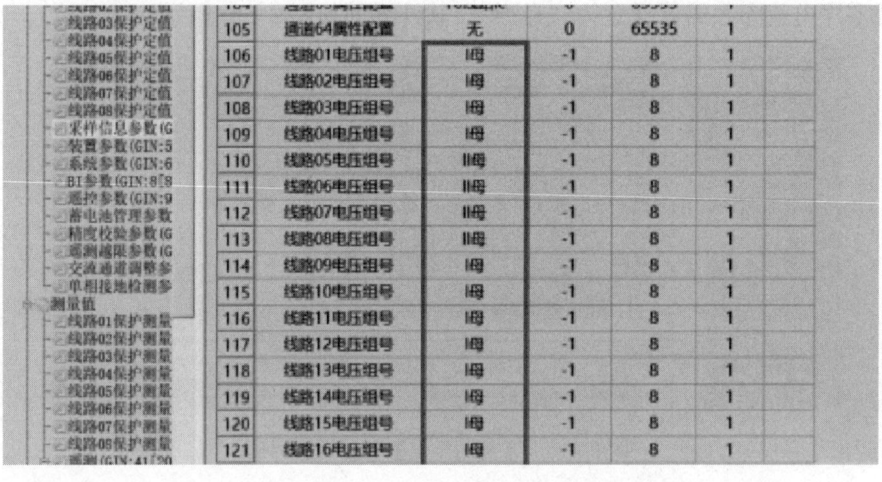

	描述	值	最小值	最大值	步长	单位
104	通道63属性配置	I母Uc	0	65535	1	
105	通道64属性配置	无	0	65535	1	
106	线路01电压组号	I母	-1	8	1	
107	线路02电压组号	I母	-1	8	1	
108	线路03电压组号	I母	-1	8	1	
109	线路04电压组号	I母	-1	8	1	
110	线路05电压组号	II母	-1	8	1	
111	线路06电压组号	II母	-1	8	1	
112	线路07电压组号	II母	-1	8	1	
113	线路08电压组号	II母	-1	8	1	
114	线路09电压组号	I母	-1	8	1	
115	线路10电压组号	I母	-1	8	1	
116	线路11电压组号	I母	-1	8	1	
117	线路12电压组号	I母	-1	8	1	
118	线路13电压组号	I母	-1	8	1	
119	线路14电压组号	I母	-1	8	1	
120	线路15电压组号	I母	-1	8	1	
121	线路16电压组号	I母	-1	8	1	

图 2-12　【线路 01～08 电压组号】软件配置界面

（三）试验接线

根据现场二次回路图，将测试仪试验接线接到对应端子排，检查无短路、开路。二次加量建议从 TV、TA 二次输出源头开始，以验证整个二次回路。

需要注意：进行"三遥"试验时，要求同时观察测试仪加量值、维护软件显示值、模拟主站软件显示值、维护软件内的事件信息、模拟主站软件事件信息产生一致变化才表示结果是正常的。

1. 电压回路

电压回路的接线可根据 TV 实际接线方式选择 Y - Y 接线或 V - V 接线，本节以 V - V 接线为例进行说明。DTU 中电压回路端子排侧接线如图 2 - 13 所示：使用三根电压试验线，分别接 UD1、UD2、UD3，即对应 Ua、Un、Uc。

继电保护测试仪侧，三根电压试验线分别接 Ua、Un、Uc，如图 2 - 13 所示。

2. 电流回路

通常电流回路选择在一次开关柜中接试验线，电流回路接线如图 2 - 14 所示。接线时注意端子排处连片已经打开，防止将二次电流反窜到一次设备上。若对运行中带电间隔调试，需确认先用短接片（线）在端子排 TA 侧（外侧）短接后才能开断连片，投运前确认二次回路无开路后再将连片合上，最后拆除短接片，防止二次开路。

	UD电压输入		
	内侧		外侧
Ua1	1ZKK1-1	1	U_a
Ub1	1ZKK1-3	2	U_n
Uc1	1ZKK1-5	3	U_c
	1ZKK1-7	4	
Ua2	1ZKK2-1	5	
Ub2	1ZKK2-3	6	
Uc2	1ZKK2-5	7	
	1ZKK2-7	8	

图 2 - 13　电压回路接线

继电保护测试仪侧，四根电流试验线分别接入对应 Ia、Ib、Ic、In 电流输出口。

3. 外接零序电压

PDZ920 终端装置提供外接零序电压采样通道，DTU 中零序电压回路端子排接线如图 2 - 15 所示：两根电压试验线分别接 U01、U0′2，即对应 U0＋、U0－。

	IID线路I电流输入		
	内侧		外侧
Ia	1n113	1	I_a
Ib	1n115	2	I_b
Ic	1n117	3	I_c
In	1n118	4	I_n

图 2 - 14　一次开关柜处电流回路接线

	U0D零序电压输入		
	内侧		外侧
U01	1n103	1	U_a
U0′1	1n104	2	U_n
U02	1n109	3	
U0′2	1n110	4	

图 2 - 15　零序电压回路接线

继电保护测试仪侧，两根电压试验线分别接 Ua、Un（或其他测试仪的 Uz 口）。

另外，零序电压采用外接时，需要将【采样信息参数】中【通道 02 属性配置】【通道 05 属性配置】分别改为Ⅰ母 U0、Ⅱ母 U0，如图 2 - 16 所示。

线路01保护定值	40	AC板3保护线路条数	5	0	8	1
线路02保护定值	41	AC板4保护线路条数	5	0	8	1
线路03保护定值	42	通道01属性配置	Ⅰ母Ua	0	65535	1
线路04保护定值	43	通道02属性配置	Ⅰ母U0	0	65535	1
线路05保护定值	44	通道03属性配置	Ⅰ母Uc	0	65535	1
线路06保护定值	45	通道04属性配置	Ⅱ母Ua	0	65535	1
线路07保护定值	46	通道05属性配置	Ⅱ母U0	0	65535	1
线路08保护定值	47	通道06属性配置	Ⅱ母Uc	0	65535	1
采样信息参数(G	48	通道07属性配置	无	0	65535	1
装置参数(GIN:5	49	通道08属性配置	无	0	65535	1
系统参数(GIN:6	50	通道09属性配置	01线路Ia	0	65535	1
BI参数(GIN:8|8	51	通道10属性配置	01线路Ib	0	65535	1
遥控参数(GIN:9						
蓄电池管理参数						
精度校验参数(G						
遥测越限参数(G						
交流通道调整参						
单相接地检测参						
测量值						

图 2 - 16　通道属性配置

4. 继电保护测试仪加量测试

按照前述方法连接好测试仪与 DTU 之间的连线，确保连接可靠后。继电保护测试仪加量测试前，确保完成相应的安全措施后方可输出，所加数值要保持稳定。通过维护软件连接 DTU 后进入【遥测】界面查看对应遥测显示是否正确。【遥测】数值显示界面如图 2 - 17 所示。

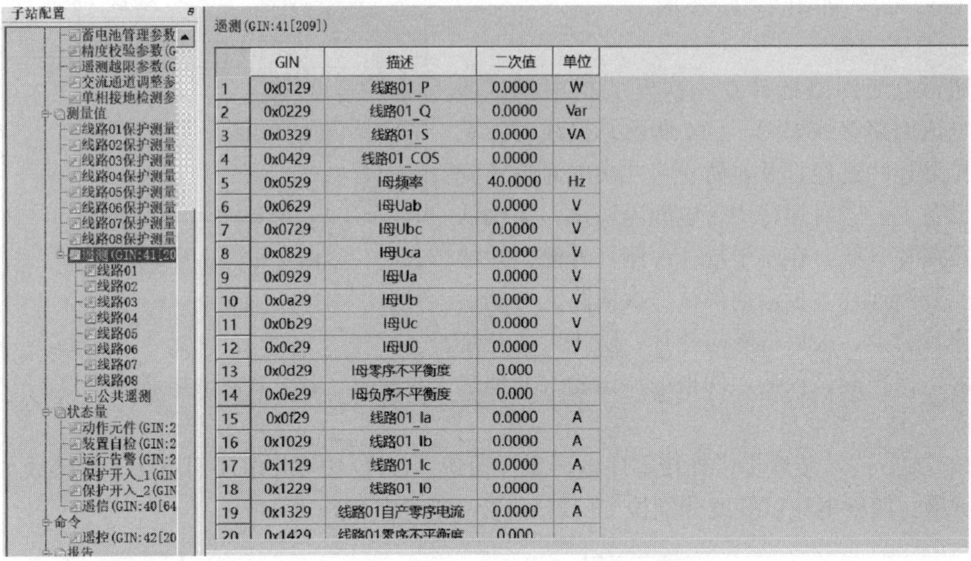

图 2 - 17　【遥测】数值显示界面

遥测试验需完成对 DTU 电压、电流、有功、无功、功率因数等采样功能测试：一是不加量零漂检查，要求零漂在 2% 以内；二是遥测量多个点的采样精度检查，应满足技术条件的规定。步骤如下：

（1）电压采样测试：通过继电保护测试仪加量，分别对 Un 施加 60%、80%、100%、120% 的电压量。此处模拟 V—V 接线，继电保护测试仪 Ua、Uc 输出为线电压值。

核对继电保护测试仪输出量与维护软件【公共遥测】中显示的采样值是否相同，完成电压遥测试验并做好记录。软件中电压采样界面如图 2 - 18 所示。

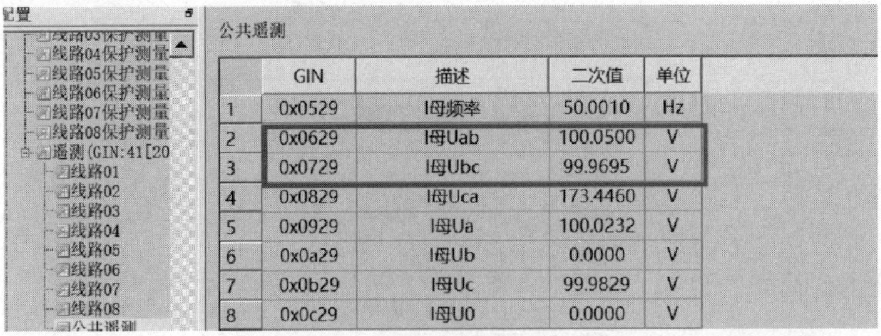

图 2 - 18　电压采样测试软件界面

（2）零序电压采样测试：通过继电保护测试仪加量，输出零序电压 100V。

核对继电保护测试仪输出量与调试软件【公共遥测】中【I 母 U0】显示的采样值是否相同，完成零序电压遥测试验并做好记录，如图 2-19 所示。注意：进行零序电压测试时，需注意将【公用定值】中【保护零序电压】改为“外接”。

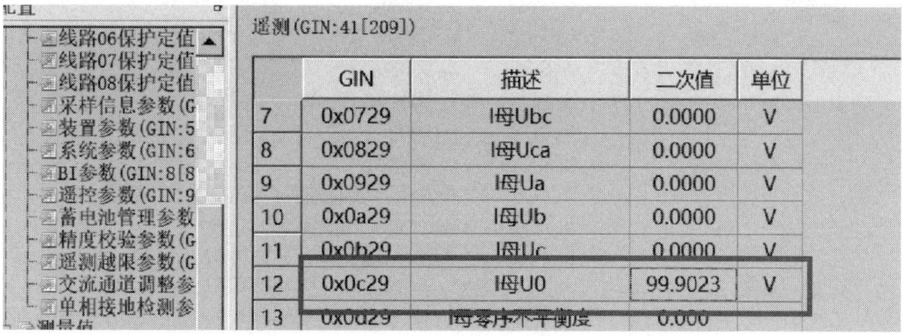

	GIN	描述	二次值	单位
7	0x0729	I母Ubc	0.0000	V
8	0x0829	I母Uca	0.0000	V
9	0x0929	I母Ua	0.0000	V
10	0x0a29	I母Ub	0.0000	V
11	0x0b29	I母Uc	0.0000	V
12	0x0c29	I母U0	99.9023	V
13	0x0d29	I母零序不平衡度	0.000	

图 2-19　零序电压采样测试软件界面

（3）相电流采样测试：通过继电保护测试仪加量，以对线路 01 通道测试为例，分别对 In 施加 50%、100%、120%的电流量。

核对继电保护测试仪输出量与调试软件【遥测】中【线路 01】显示的 A、B、C 三相电流采样值是否相同，完成 A、B、C 三相电流遥测试验并做好记录。调试软件三相电流采样界面如图 2-20 所示。其他间隔方法相同。

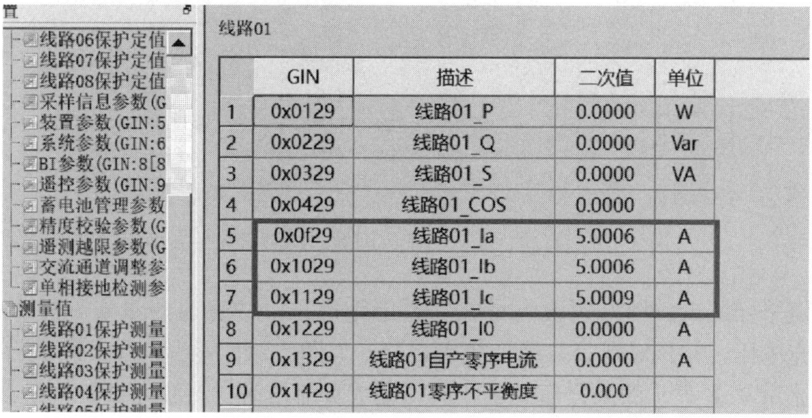

	GIN	描述	二次值	单位
1	0x0129	线路01_P	0.0000	W
2	0x0229	线路01_Q	0.0000	Var
3	0x0329	线路01_S	0.0000	VA
4	0x0429	线路01_COS	0.0000	
5	0x0f29	线路01_Ia	5.0006	A
6	0x1029	线路01_Ib	5.0006	A
7	0x1129	线路01_Ic	5.0009	A
8	0x1229	线路01_I0	0.0000	A
9	0x1329	线路01自产零序电流	0.0000	A
10	0x1429	线路01零序不平衡度	0.000	

图 2-20　电流采样测试软件界面

（4）零序电流采样测试：通过继电保护测试仪加量，分别对 In 施加 50%、100%、120%的零序电流量。

核对继电保护测试仪输出量与调试软件【遥测】中【线路 01】中显示的【线路 01 _ I0】电流采样值是否相同，完成零序电流遥测试验并做好记录。零序电流测试时，需注意将【公用定值】中【保护零序电流】改为“自产”。调试软件零序电流采样界面如图 2-21 所示。

（5）有功、无功、功率因数测试：通过继电保护测试仪加量，全部施加额定值，分别施加 Uab、Ubc 均为 100V、Ia、Ib、Ic 均为 5A，相电压超前相电流 30°，三相平衡。

核对调试软件【遥测】中【线路 01】显示的【线路 01 _ P】、【线路 01 _ Q】、【线路 01 _ COS】的采样值是否正确，完成有功、无功、功率因数试验并做好记录。调试软件有功、无功、功率因数采样界面如图 2-22 所示。

	GIN	描述	二次值	单位
1	0x0129	线路01_P	0.0000	W
2	0x0229	线路01_Q	0.0000	Var
3	0x0329	线路01_S	0.0000	VA
4	0x0429	线路01_COS	0.0000	
5	0x0f29	线路01_Ia	5.0023	A
6	0x1029	线路01_Ib	0.0009	A
7	0x1129	线路01_Ic	0.0017	A
8	0x1229	线路01_I0	5.0041	A
9	0x1329	线路01自产零序电流	1.6669	A
10	0x1429	线路01零序不平衡度	1.000	
11	0x1529	线路01负序不平衡度	1.000	

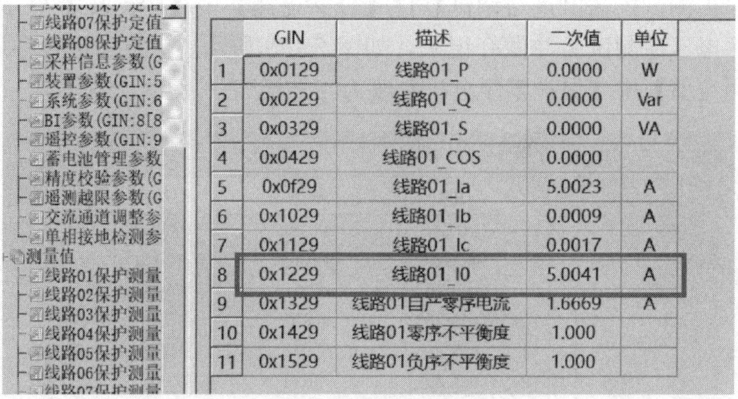

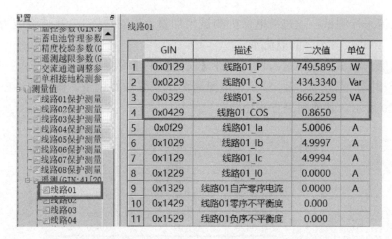

图 2-21　零序电流采样测试软件界面

	GIN	描述	二次值	单位
1	0x0129	线路01_P	749.5895	W
2	0x0229	线路01_Q	434.3340	Var
3	0x0329	线路01_S	866.2259	VA
4	0x0429	线路01_COS	0.8650	
5	0x0f29	线路01_Ia	5.0006	A
6	0x1029	线路01_Ib	4.9997	A
7	0x1129	线路01_Ic	4.9994	A
8	0x1229	线路01_I0	0.0000	A
9	0x1329	线路01自产零序电流	0.0000	A
10	0x1429	线路01零序不平衡度	0.000	
11	0x1529	线路01负序不平衡度	0.000	

图 2-22　有功、无功、功率因数采样测试软件界面

（6）直流采样测试：用万用表测量实际蓄电池电压，注意遥测量实际接入的是电池电压，还是浮充电压，并核对点表，确认接入点位，如图 2-23 所示，观察调试软件【公共遥测】中【直流量 01】显示的采样值是否相同，完成直流量采样试验并做好记录。

5	0x0929	Ⅰ母Ua	0.0000	V
6	0x0a29	Ⅰ母Ub	0.0000	V
7	0x0b29	Ⅰ母Uc	0.0000	V
8	0x0c29	Ⅰ母U0	0.0000	V
9	0x0d29	Ⅰ母零序不平衡度	0.000	
10	0x0e29	Ⅰ母负序不平衡度	0.000	
11	0x1629	装置温度	0.00	
12	0x1729	装置湿度	0.00	
13	0x1829	直流量01	54.430515	
14	0x1929	直流量02	0.000000	
15	0x1e29	Ⅱ母频率	40.0000	Hz
16	0x1f29	Ⅱ母Uab	0.0000	V
17	0x2029	Ⅱ母Ubc	0.0000	V
18	0x2129	Ⅱ母Uca	0.0000	V

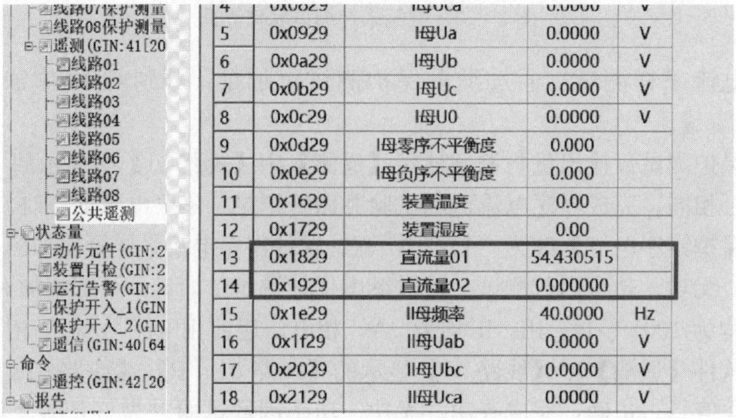

图 2-23　直流量采样测试软件界面

因为配电主站监控的状态量都是一次量，维护软件显示的都是二次值，实际在遥测量配置时需要考虑遥测系数，即终端上送模拟主站值为二次采样值乘以系数。遥测系数在遥测点表中设置，电压是互感器变比反比关系，电流是正比关系。例如终端上送浮点型遥测值，电压缩小10倍上送，电流放大120倍上送，则在点表系数中分别设置0.1和120，具体配置方法详见第四章。

遥测常见问题及解决办法详见第五章。

二、精度校验参数

模拟量采样精度需要满足幅值相对误差小于0.5%、相角误差小于3°的要求。当采样精度不满足要求时，需要重新校准，精度校验相关的配置参数如图2-24所示。

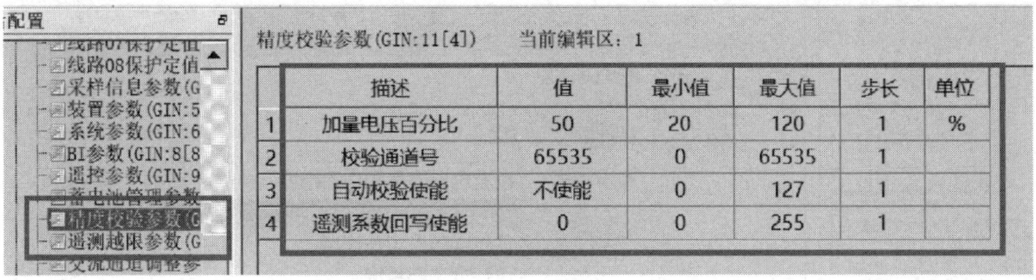

	描述	值	最小值	最大值	步长	单位
1	加量电压百分比	50	20	120	1	%
2	校验通道号	65535	0	65535	1	
3	自动校验使能	不使能	0	127	1	
4	遥测系数回写使能	0	0	255	1	

图2-24　精度校验参数配置界面

其中，【加量电压百分比】表示校准时，电压通道加量为额定值（额定线电压）的百分比（假设该参数为50，则加量电压应为电压额定二次值×50%）。

【校验通道号】初始设置65535，表示校验所有通道。

【自动校验使能】设置为0（不使能）时表示通过液晶菜单校准，设置为1时表示通过arp tool-IecDbg界面中的【精度校验参数】组校准（出厂默认方式）。

【遥测系数回写使能】设置为1表示校验通道幅值，设置为2表示校验功率。

校准步骤如下：

（1）将调试软件【系统参数】中【I母TV二次值】设为220，【线路01TA二次值】设为5，如图2-25所示。

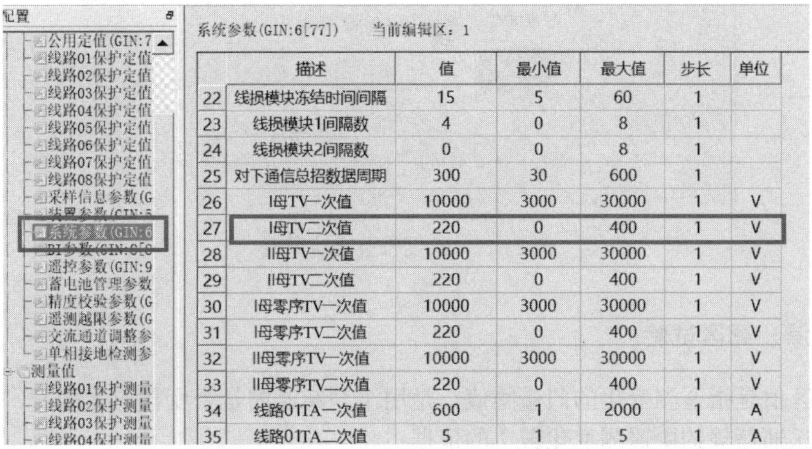

	描述	值	最小值	最大值	步长	单位
22	线损模块冻结时间间隔	15	5	60	1	
23	线损模块1间隔数	4	0	8	1	
24	线损模块2间隔数	0	0	8	1	
25	对下通信总招数据周期	300	30	600	1	
26	I母TV一次值	10000	3000	30000	1	V
27	I母TV二次值	220	0	400	1	V
28	II母TV一次值	10000	3000	30000	1	V
29	II母TV二次值	220	0	400	1	V
30	I母零序TV一次值	10000	3000	30000	1	V
31	I母零序TV二次值	220	0	400	1	V
32	II母零序TV一次值	10000	3000	30000	1	V
33	II母零序TV二次值	220	0	400	1	V
34	线路01TA一次值	600	1	2000	1	A
35	线路01TA二次值	5	1	5	1	A

图2-25　精度校验参数配置

（2）通过继电保护测试仪输出三相相电压（加量值：Ⅰ母 TV 二次值×加量电压百分比，默认情况下加 110V）、三相额定电流（加量值：线路 01TA 二次值，默认情况下加 5A），相电压与相电流夹角 30°。接线方式必须与通道配置保持一致：通道配置为 Ua 则接入标准源 A 相电压，配置为 Uc 则接入 C 相电压；零序电压、零序电流接入标准源任意一相即可。

（3）点击工具菜单栏上的【精度校准】按钮进行校准。在弹出的对话框中可选择【校准电压电流和功率精度】【仅校准电流电压精度】【仅校准功率精度】三种校准模式。精度校验界面如图 2-26 所示。

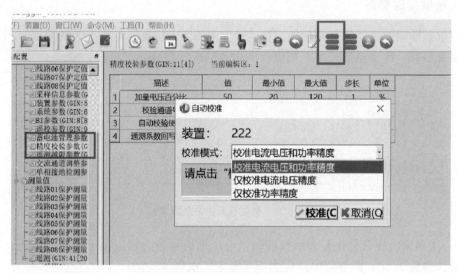

图 2-26　精度校验界面

（4）点击【校准】，校准成功后弹出"精度自动校准成功！"界面，如图 2-27 所示。

图 2-27　精度校验成功界面

三、零漂、死区试验

遥测死区值是指遥测变化的门槛阈值，是用于判断遥测是否变化的标准值，是允许突发状况主动上送通信规约中遥测变化报文的依据。

遥测零漂值是指最小遥测上送值，终端遥测值如果小于此值则上送为零，大于此值则上送当前遥测值。

遥测归零值是指终端采样输入电压或电流为零时，输出电压或电流偏离零值的变化，为过滤由此出现的零漂而设定的显示门槛值叫归零值。

注意，本书中遥测死区与零漂测试均指终端对上（模拟主站）值。

软件设置界面如图 2-28 所示。

	描述	值	最小值	最大值	步长	单位
1	最大定值区	1	1	20	1	
2	电压变化死区额定值	100.00	0.00	800.00	0.01	
3	直流变化死区额定值	60.00	0.00	150.00	0.01	
4	电流变化死区额定值	5.00	0.00	10.00	0.01	
5	功率变化死区额定值	866.00	0.00	3910.00	0.01	
6	频率变化死区额定值	50.00	0.00	100.00	0.01	
7	功率因数变化死区额...	1.00	0.00	1.00	0.01	
8	电压零漂死区	2000	1	100000	1	
9	直流零漂死区	200	1	100000	1	
10	电流零漂死区	200	1	100000	1	
11	功率零漂死区	577	1	100000	1	

图 2-28 零漂、死区相关参数配置软件界面

（一）死区试验

死区试验包括【电压变化死区】【电流变化死区】【直流变化死区】【功率变化死区】【频率变化死区】等。变化死区值在【系统参数】中设置，死区变化设定值＝变化值×100000/额定值。软件配置界面如图 2-29 所示。

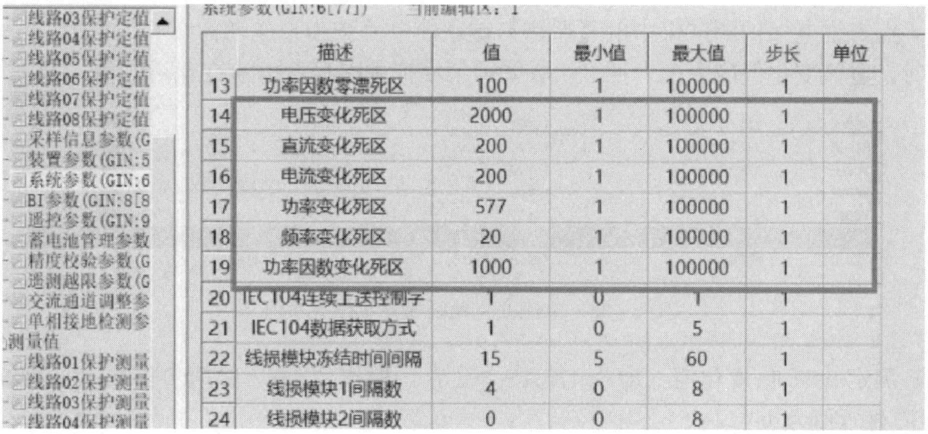

	描述	值	最小值	最大值	步长	单位
13	功率因数零漂死区	100	1	100000	1	
14	电压变化死区	2000	1	100000	1	
15	直流变化死区	200	1	100000	1	
16	电流变化死区	200	1	100000	1	
17	功率变化死区	577	1	100000	1	
18	频率变化死区	20	1	100000	1	
19	功率因数变化死区	1000	1	100000	1	
20	IEC104连续上送控制字	1	0	1	1	
21	IEC104数据获取方式	1	0	5	1	
22	线损模块冻结时间间隔	15	5	60	1	
23	线损模块1间隔数	4	0	8	1	
24	线损模块2间隔数	0	0	8	1	

图 2-29 变化死区参数配置软件界面

1. 电流死区

设置遥测电流最小变化识别值，电流从一个值变化到另一个值时变化的量小于电流死区值时，装置将不上送变化后的值，保持原值；当遥测电流变化值大于此值时上送当前电流遥测值。例如要求电流变化大于 0.5A 上送，变化值小于 0.5A 不上送，利用继电保护测试仪可采用如下的试验方法验证：

（1）验证电流死区为 0.5A，则【电流变化死区】值＝0.5×100000/5＝10000，软件设置界面如图 2-30 所示。

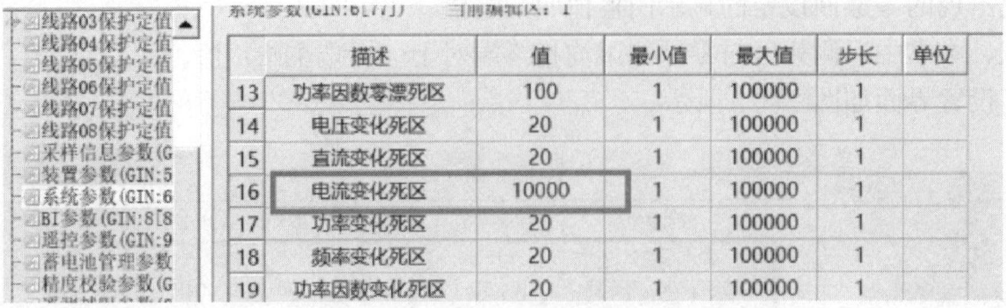

图 2-30 【电流变化死区】参数配置软件界面

（2）使用继电保护测试仪的【死区测试】功能模块或【通用测试】模块，设定电流初始值为 1A，分别测定 0.95 倍与 1.05 倍的死区变化值，查看电流遥测值是否上送。首先测定1.05 倍变化值（即 0.525A），设定 Ia 输出值为 1A，幅值步长为 0.525，待电流稳定为 1A后输出。

此时模拟主站中 Ia 显示值始终为 1A，如图 2-31 所示。

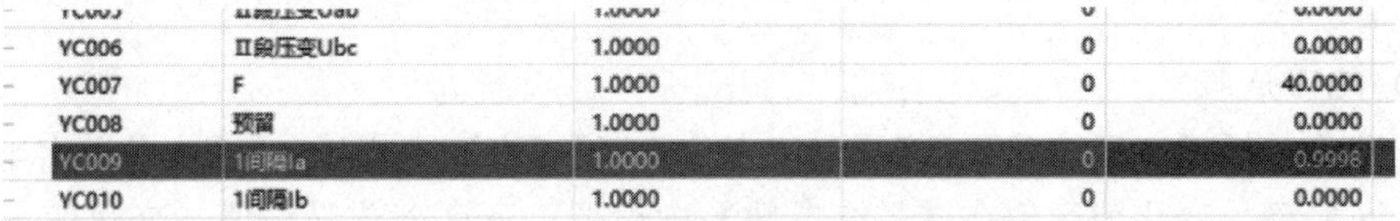

图 2-31 电流变化死区模拟主站显示值

（3）点击继电保护测试仪中的【递增】键，使电流按步长递增为 1.525A。

此时，电流变化值应上送，图 2-32 展示了模拟主站显示电流变化后的值，即 1.525A。

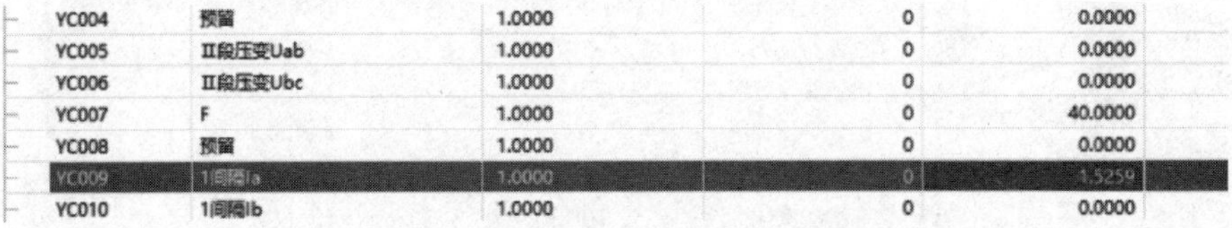

图 2-32 电流变化死区模拟主站显示值

（4）测定 0.95 倍变化值（即 0.475A）：设定 Ia 输出值 1A，幅值步长 0.475，此时模拟主站中 Ia 显示值为 1A。

（5）点击继电保护测试仪中的【递增】键，使电流按步长递增为 1.475A。

此时，电流变化值不应上送，如图 2-33 所示，模拟主站应仍然显示电流值为 1A。

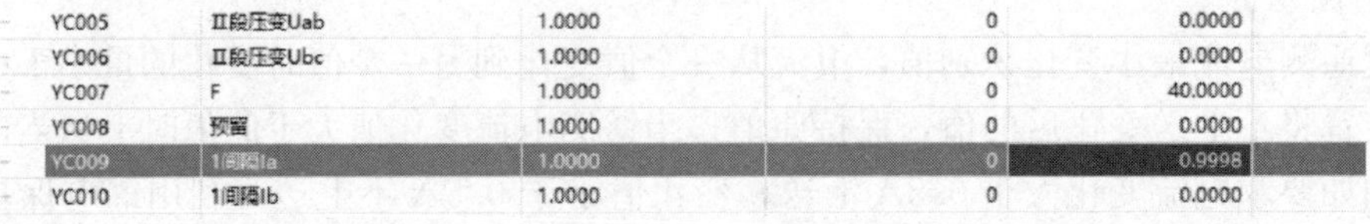

图 2-33 电流变化死区模拟主站显示值

2. 交流电压死区

设置遥测交流电压最小变化识别值，交流电压从一个值变化到另一个值时，变化的量小于交流电压死区值，装置将不上送变化后的值，保持原值；当交流电压变化值大于此值时上送当前交流电压值。例如要求电压变化大于 1V 上送，验证方法如下：

（1）【电压变化死区】值应设置为 $1×100000/100=1000$，软件设置界面如图 2-34 所示。

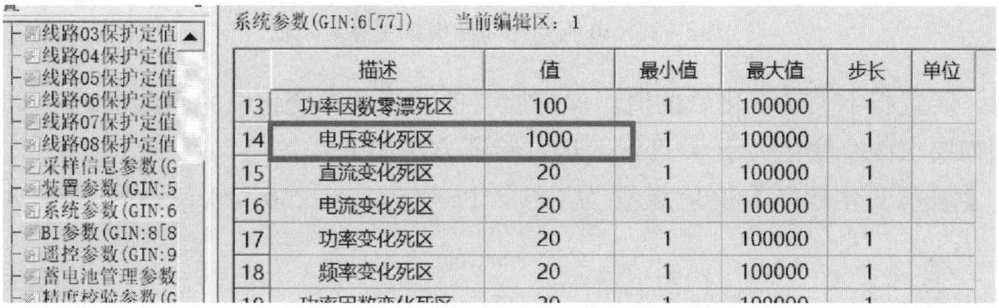

系统参数(GIN:6[77])   当前编辑区：1

	描述	值	最小值	最大值	步长	单位
13	功率因数零漂死区	100	1	100000	1	
14	电压变化死区	1000	1	100000	1	
15	直流变化死区	20	1	100000	1	
16	电流变化死区	20	1	100000	1	
17	功率变化死区	20	1	100000	1	
18	频率变化死区	20	1	100000	1	

图 2-34 电压变化死区参数配置软件界面

（2）使用继电保护测试仪的【死区测试】功能模块，设定电压初始值为 100V，分别测定 0.95 倍与 1.05 倍的死区变化值，查看电压遥测值是否上送。首先测定 1.05 倍变化值（即 1.05V）：设定 Uab 输出值为 100V，幅值步长为 1.05。此时模拟主站中 Uab 显示值为 100V，如图 2-35 所示。

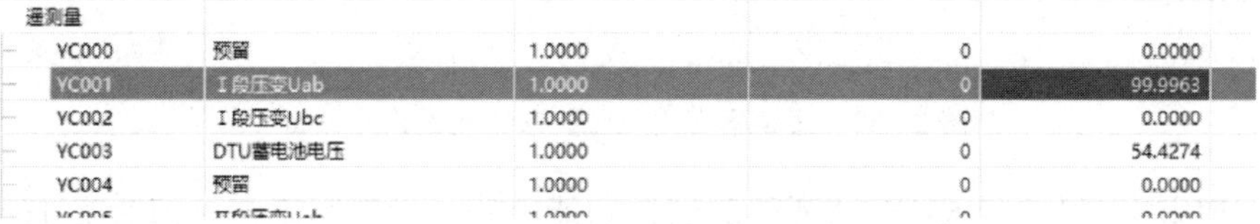

遥测量				
YC000	预留	1.0000	0	0.0000
YC001	I 段压变Uab	1.0000	0	99.9963
YC002	I 段压变Ubc	1.0000	0	0.0000
YC003	DTU蓄电池电压	1.0000	0	54.4274
YC004	预留	1.0000	0	0.0000

图 2-35 电压变化死区模拟主站显示值

（3）点击继电保护测试仪中的【递增】键，使电压按步长递增为 101.05V。此时，电压变化值应上送，图 2-36 上模拟主站显示电流变化后的值，即 101.05V。

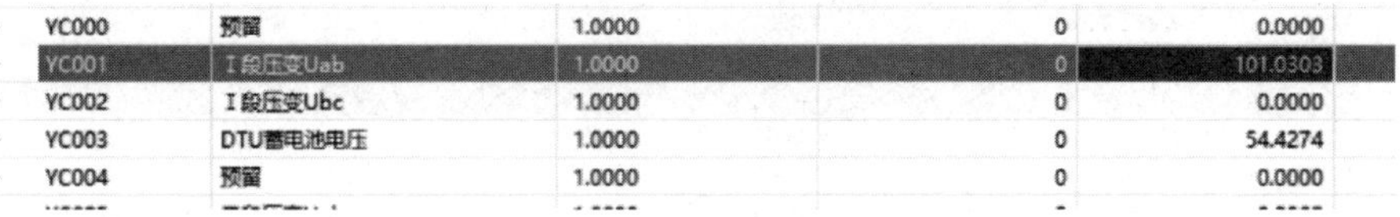

YC000	预留	1.0000	0	0.0000
YC001	I 段压变Uab	1.0000	0	101.0303
YC002	I 段压变Ubc	1.0000	0	0.0000
YC003	DTU蓄电池电压	1.0000	0	54.4274
YC004	预留	1.0000	0	0.0000

图 2-36 电压变化死区模拟主站显示值

（4）测定 0.95 倍变化值（即 0.95V）：设定 Uab 输出值为 100V，幅值步长为 0.95，此时模拟主站中 Uab 显示值为 100V。

（5）点击继电保护测试仪中的【递增】键，使电压按步长递增为 100.95V，如图 2-37 所示此时，电压变化值不应上送，图 2-37 上模拟主站应仍然显示电压变化前的值，即 100V。

3. 频率死区

设置遥测频率变化最小变化识别值，频率从一个值变化到另一个值时变化的量小于频率

遥测量				
YC000	预留	1.0000	0	0.0000
YC001	Ⅰ段压变Uab	1.0000	0	99.9963
YC002	Ⅰ段压变Ubc	1.0000	0	0.0000
YC003	DTU蓄电池电压	1.0000	0	54.4274
YC004	预留	1.0000	0	0.0000
YC005	Ⅱ段压变Uab	1.0000	0	0.0000
YC006	Ⅱ段压变Ubc	1.0000	0	0.0000

图 2-37　电压变化死区模拟主站显示值

死区值时，装置将不上送变化后的值，保持原有值；当频率变化值大于此值时，上送当前频率值。例如要求频率变化大于 0.1Hz 上送，验证方法如下：

（1）【频率变化死区】值应设置为 $0.1 \times 100000/50 = 200$，软件设置界面如图 2-38 所示。

	描述	值	最小值	最大值	步长	单位
13	功率因数零漂死区	100	1	100000	1	
14	电压变化死区	20	1	100000	1	
15	直流变化死区	20	1	100000	1	
16	电流变化死区	20	1	100000	1	
17	功率变化死区	20	1	100000	1	
18	频率变化死区	200	1	100000	1	
19	功率因数变化死区	20	1	100000	1	
20	IEC104连续上送控制字	1	0	1	1	
21	IEC104数据获取方式	1	0	5	1	
22	绝缘维持充结束时间间隔	15	5	60	1	

左侧列表：线路03保护定值、线路04保护定值、线路05保护定值、线路06保护定值、线路07保护定值、线路08保护定值、采样信息参数(G、装置参数(GIN:5、系统参数(GIN:6、BI参数(GIN:8[8、遥控参数(GIN:9、蓄电池管理参数、精度校验参数(G、遥测越限参数(G、交流通道调整参、单相接地检测参、测量值

系统参数(GIN:6[77])　当前编辑区：1

图 2-38　【频率变化死区】参数配置软件界面

（2）使用继电保护测试仪的【死区测试】功能模块，设定频率初始值为 50Hz，分别测定 0.95 倍与 1.05 倍的死区变化值，查看频率遥测值是否上送。首先测定 1.05 倍变化值（即 0.105Hz）：设定频率输出值为 50Hz，幅值步长为 0.105。

此时模拟主站中频率显示值为 50Hz，如图 2-39 所示。

YC004	预留	1.0000	0	0.0000
YC005	Ⅱ段压变Uab	1.0000	0	0.0000
YC006	Ⅱ段压变Ubc	1.0000	0	0.0000
YC007	F	1.0000	0	50.0110
YC008	预留	1.0000	0	0.0000
YC009	1间隔Ia	1.0000	0	0.0000
YC010	1间隔Ib	1.0000	0	0.0000

图 2-39　【频率变化死区】模拟主站显示值（一）

（3）点击继电保护测试仪中的【递增】键，使频率按步长递增为 50.105Hz。此时，频率变化值应上送，图 2-40 上模拟主站显示频率变化后的值，即 50.105Hz。

YC003	DTU蓄电池电压	1.0000	0	54.4242
YC004	预留	1.0000	0	0.0000
YC005	Ⅱ段压变Uab	1.0000	0	0.0000
YC006	Ⅱ段压变Ubc	1.0000	0	0.0000
YC007	F	1.0000	0	50.1150
YC008	预留	1.0000	0	0.0000
YC009	1间隔Ia	1.0000	0	0.0000
YC010	1间隔Ib	1.0000	0	0.0000

图 2-40　【频率变化死区】模拟主站显示值（二）

（4）测定0.95倍变化值（即0.95Hz）：设定频率输出值50Hz，幅值步长0.095，此时模拟主站中频率显示值为50Hz。

（5）点击继电保护测试仪中的【递增】键，使电压按步长递增为50.095Hz。此时，频率变化值不应上送，图2-41上模拟主站应仍然显示频率变化前的值，即50Hz。

YC004	预留	1.0000	0	0.0000
YC005	Ⅱ段压变Uab	1.0000	0	0.0000
YC006	Ⅱ段压变Ubc	1.0000	0	0.0000
YC007	F	1.0000	0	50.0110
YC008	预留	1.0000	0	0.0000
YC009	1间隔Ia	1.0000	0	0.0000
YC010	1间隔Ib	1.0000	0	0.0000

图2-41 频率变化死区模拟主站显示值

直流变化死区、功率变化死区试验方法同上，不再详细描述。

（二）零漂试验

零漂试验包括【电压零漂死区】【电流零漂死区】【直流零漂死区】【功率零漂死区】【频率零漂死区】等。零漂值在【系统参数】中设置，零漂死区设定值＝零漂值×100000/额定值。零漂参数配置软件界面如图2-42所示。

	描述	值	最小值	最大值	步长	单位
7	功率因数变化死区额...	1.00	0.00	1.00	0.01	
8	电压零漂死区	2000	1	100000	1	
9	直流零漂死区	200	1	100000	1	
10	电流零漂死区	200	1	100000	1	
11	功率零漂死区	577	1	100000	1	
12	频率零漂死区	20	1	100000	1	
13	功率因数零漂死区	100	1	100000	1	
14	电压变化死区	2000	1	100000	1	
15	直流变化死区	200	1	100000	1	
16	电流变化死区	200	1	100000	1	
17	功率变化死区	577	1	100000	1	
18	频率变化死区	20	1	100000	1	

图2-42 零漂参数配置软件界面

1. 电压零漂值

电压零漂表示最小遥测电压上送值，输入遥测电压如果小于此值，遥测电压上送为0，大于此值上送当前电压遥测值。例如现场要求电压遥测值大于5V上送实际遥测值，小于5V上送0，验证方法如下：

（1）【电压零漂死区】值设定为5×100000/100＝5000，在调试软件【系统参数】中设置，软件设置界面如图2-43所示。

	描述	值	最小值	最大值	步长	单位
7	功率因数变化死区额...	1.00	0.00	1.00	0.01	
8	电压零漂死区	5000	1	100000	1	
9	直流零漂死区	20		100000		
10	电流零漂死区	20		100000		
11	功率零漂死区					

图2-43 电压零漂参数配置软件界面

33

通过继电保护测试仪加量，施加 0.95 倍的零漂定值即 4.75V。

由于加量值小于零漂值，此时电压上送值应为 0V，模拟主站应显示 0V，如图 2-44 所示。

遥测量				
YC000	预留	1.0000	0	0.0000
YC001	Ⅰ段压变Uab	1.0000	0	0.0000
YC002	Ⅰ段压变Ubc	1.0000	0	0.0000
YC003	DTU蓄电池电压	1.0000	0	54.4274
YC004	预留	1.0000	0	0.0000

图 2-44　电压零漂模拟主站显示值

（2）通过继电保护测试仪加量，施加 1.05 倍的零漂定值即 5.25V。

由于加量值大于零漂值，此时电压上送值应为 5.25V，模拟主站应显示 5.25V，如图 2-45 所示。

遥测量				
YC000	预留	1.0000	0	0.0000
YC001	Ⅰ段压变Uab	1.0000	0	5.2368
YC002	Ⅰ段压变Ubc	1.0000	0	0.0000
YC003	DTU蓄电池电压	1.0000	0	54.4274
YC004	预留	1.0000	0	0.0000

图 2-45　电压零漂模拟主站显示值

2. 电流零漂值

最小遥测电流上送值，遥测电流如果小于此值，遥测电流上送为 0，大于此值，上送当前电流值。例如现场要求电压遥测值大于 3A 上送实际遥测值，小于 3A 上送 0，验证方法如下：

（1）【电流零漂死区】值设定为 3×100000/5＝6000，在调试软件【系统参数】的【电流零漂死区】中设置，软件设置界面如图 2-46 所示。

系统参数(GIN:6[77])　　当前编辑区：1

	描述	值	最小值	最大值	步长	单位
7	功率因数变化死区额...	1.00	0.00	1.00	0.01	
8	电压零漂死区	20	1	100000	1	
9	直流零漂死区	20	1	100000	1	
10	电流零漂死区	6000	1	100000	1	
11	功率零漂死区	20	1	100000	1	
12	频率零漂死区	20	1	100000	1	
13	功率因数零漂死区	100	1	100000	1	
14	电压变化死区	2000	1	100000	1	
15	直流变化死区	200	1	100000	1	
16	电流变化死区	200	1	100000	1	

图 2-46　电流零漂参数配置软件界面

（2）通过继电保护测试仪加量，施加 0.95 倍的零漂定值即 2.85A。

由于加量值小于零漂值，此时电流上送值应为 0A，模拟主站应显示 0A，如图 2-47 所示。

YC006	II段压变Ubc	1.0000	0	0.0000
YC007	F	1.0000	0	40.0000
YC008	预留	1.0000	0	0.0000
YC009	1间隔Ia	1.0000	0	0.0000
YC010	1间隔Ib	1.0000	0	0.0000
YC011	1间隔Ic	1.0000	0	0.0000
YC012	1间隔I0	1.0000	0	0.0000
YC013	1间隔P	1.0000	0	0.0000

图 2-47 电流零漂模拟主站显示值

（3）通过继电保护测试仪加量，施加 1.05 倍的零漂定值，即 3.15A。

由于加量值大于零漂值，此时电流上送值应为 3.15A，模拟主站应显示 3.15A，如图 2-48 所示。

遥测量

YC000	预留	1.0000	0	0.0000
YC001	I段压变Uab	1.0000	0	0.0000
YC002	I段压变Ubc	1.0000	0	0.0000
YC003	DTU蓄电池电压	1.0000	0	54.4274
YC004	预留	1.0000	0	0.0000
YC005	II段压变Uab	1.0000	0	0.0000
YC006	II段压变Ubc	1.0000	0	0.0000
YC007	F	1.0000	0	40.0000
YC008	预留	1.0000	0	0.0000
YC009	1间隔Ia	1.0000	0	3.1513
YC010	1间隔Ib	1.0000	0	0.0000
YC011	1间隔Ic	1.0000	0	0.0000
YC012	1间隔I0	1.0000	0	1.0495
YC013	1间隔P	1.0000	0	0.0000

图 2-48 电流零漂模拟主站显示值

【直流零漂】【功率零漂】【频率零漂】等试验方法同上。另外具体变化遥测是否突发上送，还需要考虑测量源的实际精度，即测控装置或者 TV、TA 等设备自身的采集精度，遥测死区的精度小于测量源的实际精度是没有意义的。目前终端一般要求测量精度 0.5 级，若电压额定值为 100V，电流额定值为 5A，则电压及电流零漂设置小于 0.005 没有多大意义。

四、遥测越限试验

PDZ920 装置具有遥测越限功能，当电压、电流等遥测量超过或低于设定值时，装置发出越限告警。遥测越限功能包括线路有压、无压鉴别，电压/电流越上限告警、电压/电流越下限告警等。

（一）有压、无压鉴别

线路有压、无压鉴别在参数【遥测越限参数】中设置，主要包括【线路电压鉴别控制字】【线路电压鉴别时间定值】【线路有压定值】【线路无压定值】。整定时需要将【线路电压鉴别控制字】改为 1，并根据要求设定【线路电压鉴别时间定值】和【线路有压定值】【线路无压定值】，如图 2-49 所示。

当线路电压大于线路有压定值时，调试软件【实时报告】中显示"线路 01 有压"由"0—>1"告警，如图 2-50 所示。当线路电压小于【线路无压定值】时，调试软件【实时报告】中显示"线路 01 无压"由"0—>1"告警，如图 2-51 所示。

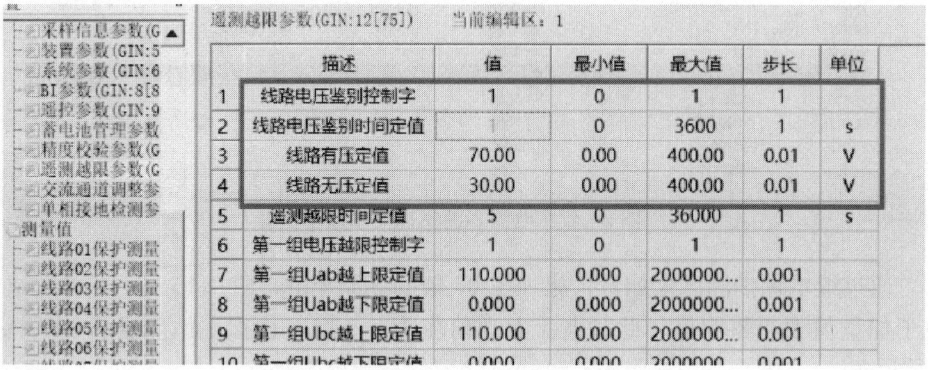

图 2-49 有压、无压鉴别软件设置界面

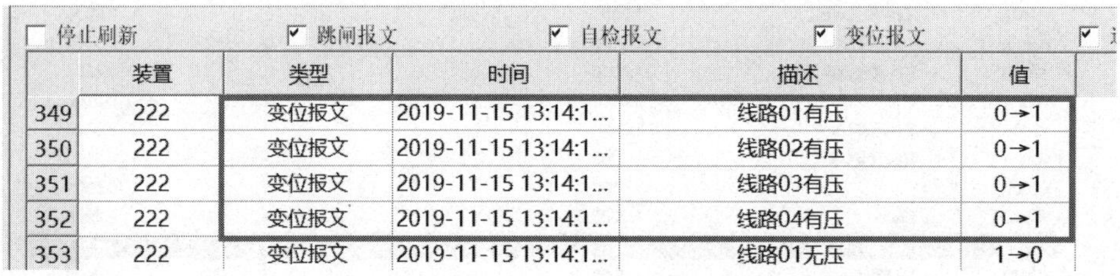

图 2-50 有压鉴别告警界面

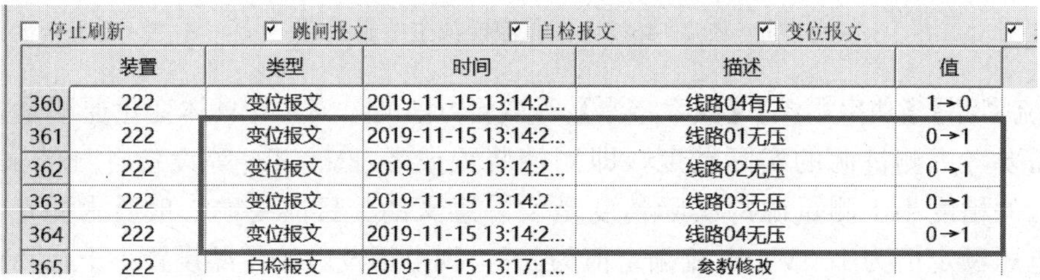

图 2-51 无压鉴别告警界面

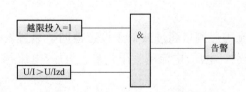

图 2-52 遥测越上限告警逻辑图

（二）电压/电流越上限告警

当任意一路电压/电流幅值大于整定值时，装置告警，越上限告警逻辑图如图 2-52 所示。

电压/电流越上限告警参数在【遥测越限参数】中设置。设定时，需要将【电压/电流越限控制字】改为 1，并根据要求设定【遥测越限时间定值】和【电压/电流越上限定值】，软件设置界面分别如图 2-53 和图 2-54 所示。

当线路电压大于越上限定值时，调试软件【实时报告】中显示"第一组 Uab 越上限告警"信号由"0—＞1"告警，如图 2-55 所示。当线路电流大于越上限定值时，调试软件【实时报告】中显示"第一组 Ia 越上限告警"信号由"0—＞1"告警，如图 2-56 所示。

图 2-53 电压越上限软件设置界面

遥测越限参数(GIN:12[75]) 当前编辑区:1

	描述	值	最小值	最大值	步长	单位
4	线路无压定值	30.00	0.00	400.00	0.01	V
5	遥测越限时间定值	5	0	36000	1	s
6	第一组电压越限控制字	1	0	1	1	
7	第一组Uab越上限定值	120.000	0.000	2000000...	0.001	
8	第一组Uab越下限定值	0.000	0.000	2000000...	0.001	
9	第一组Ubc越上限定值	120.000	0.000	2000000...	0.001	
10	第一组Ubc越下限定值	0.000	0.000	2000000...	0.001	
11	第一组Uca越上限定值	120.000	0.000	2000000...	0.001	
12	第一组Uca越下限定值	0.000	0.000	2000000...	0.001	
13	第二组电压越限控制字	1	0	1	1	
14	第二组Uab越上限定值	120.000	0.000	2000000...	0.001	
15	第二组Uab越下限定值	0.000	0.000	2000000...	0.001	

图 2-54 电流越上限软件设置界面

遥测越限参数(GIN:12[75]) 当前编辑区:1

	描述	值	最小值	最大值	步长	单位
19	第二组Uca越下限定值	0.000	0.000	2000000...	0.001	
20	第一组电流越限控制字	1	0	1	1	
21	第一组Ia越上限定值	2.000	0.000	2000000...	0.001	
22	第一组Ia越下限定值	0.000	0.000	2000000...	0.001	
23	第一组Ib越上限定值	2.000	0.000	2000000...	0.001	
24	第一组Ib越下限定值	0.000	0.000	2000000...	0.001	
25	第一组Ic越上限定值	2.000	0.000	2000000...	0.001	
26	第一组Ic越下限定值	0.000	0.000	2000000...	0.001	
27	第二组电流越限控制字	1	0	1	1	
28	第二组Ia越上限定值	7.500	0.000	2000000...	0.001	

图 2-54 电流越上限软件设置界面

实时报告

停止刷新 ☑跳闸报文 ☑自检报文 ☑变位报文

	装置	类型	时间	描述	值
429	222	变位报文	2019-11-15 13:25:2...	线路04无压	1→0
430	222	变位报文	2019-11-15 13:25:2...	第一组Uab越上限告警	0→1
431	222	变位报文	2019-11-15 13:25:2...	第一组Ubc越上限告警	0→1
432	222	变位报文	2019-11-15 13:25:2...	第一组Uca越上限告警	0→1
433	222	变位报文	2019-11-15 13:25:2...	第一组电压越限告警	0→1
434	222	变位报文	2019-11-15 13:25:2...	第一组Ia越上限告警	0→1

图 2-55 电压越上限告警界面

实时报告

停止刷新 ☑跳闸报文 ☑自检报文 ☑变位报文

	装置	类型	时间	描述	值
503	222	变位报文	2019-11-15 13:27:5...	第一组电压越限告警	0→1
504	222	变位报文	2019-11-15 13:27:5...	第一组Ia越上限告警	0→1
505	222	变位报文	2019-11-15 13:27:5...	第一组Ib越上限告警	0→1
506	222	变位报文	2019-11-15 13:27:5...	第一组Ic越上限告警	0→1
507	222	变位报文	2019-11-15 13:27:5...	第一组负荷越限告警	0→1
508	222	变位报文	2019-11-15 13:27:5...	线路01事故总	0→1

图 2-56 电流越上限告警界面

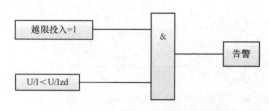

图 2-57 遥测越下限告警逻辑图

（三）电压/电流越下限告警

当任意一路电压/电流幅值小于整定值时，装置告警，越下限告警逻辑图如图 2-57 所示。

电压/电流越下限告警参数在【遥测越限参数】中设置。设定时，需要将【电压/电流越限控制字】改为 1，并根据要求设定【遥测越限时间定值】和【电压/电流越下限定值】，软件设置界面分别如图 2-58、图 2-59 所示。

	描述	值	最小值	最大值	步长	单位
4	线路无压定值	30.00	0.00	400.00	0.01	V
5	遥测越限时间定值	1	0	36000	1	s
6	第一组电压越限控制字	1	0	1	1	
7	第一组Uab越上限定值	120.000	0.000	2000000...	0.001	
8	第一组Uab越下限定值	50.000	0.000	2000000...	0.001	
9	第一组Ubc越上限定值	120.000	0.000	2000000...	0.001	
10	第一组Ubc越下限定值	50.000	0.000	2000000...	0.001	
11	第一组Uca越上限定值	120.000	0.000	2000000...	0.001	
12	第一组Uca越下限定值	50.000	0.000	2000000...	0.001	
13	第二组电压越限控制字	1	0	1	1	
14	第二组Uab越上限定值	120.000	0.000	2000000...	0.001	
15	第二组Uab越下限定值	0.000	0.000	2000000	0.001	

图 2-58 电压越下限软件设置界面

遥测越限参数(GIN:12[75])　　当前编辑区：1

	描述	值	最小值	最大值	步长	单位
19	第二组Uca越下限定值	0.000	0.000	2000000...	0.001	
20	第一组电流越限控制字	1	0	1	1	
21	第一组Ia越上限定值	6.000	0.000	2000000...	0.001	
22	第一组Ia越下限定值	1.000	0.000	2000000...	0.001	
23	第一组Ib越上限定值	6.000	0.000	2000000...	0.001	
24	第一组Ib越下限定值	1.000	0.000	2000000...	0.001	
25	第一组Ic越上限定值	6.000	0.000	2000000...	0.001	
26	第一组Ic越下限定值	1.000	0.000	2000000...	0.001	
27	第二组电流越限控制字	1	0	1	1	
28	第二组Ia越上限定值	7.500	0.000	2000000...	0.001	
29	第二组Ia越下限定值	0.000	0.000	2000000...	0.001	

图 2-59 电流越下限软件设置界面

当线路电压小于越下限定值时，调试软件【实时报告】中显示"第一组 Uab 越下限告警"信号由"0—>1"告警，如图 2-60 所示。当线路电流低于越下限定值时，调试软件【实时报告】中显示"第一组 Ia 越下限告警"信号由"0—>1"告警，如图 2-61 所示。

五、蓄电池管理

蓄电池管理相关的参数在【蓄电池管理参数】中设置。主要参数如图 2-62 所示。

其中，【蓄电池管理模式】共有三种。0：退出；1：周期性活化，活化放电时长大于等于整定值时停止活化；2：周期性活化＋欠压停止活化，活化放电时长大于等于整定值或蓄

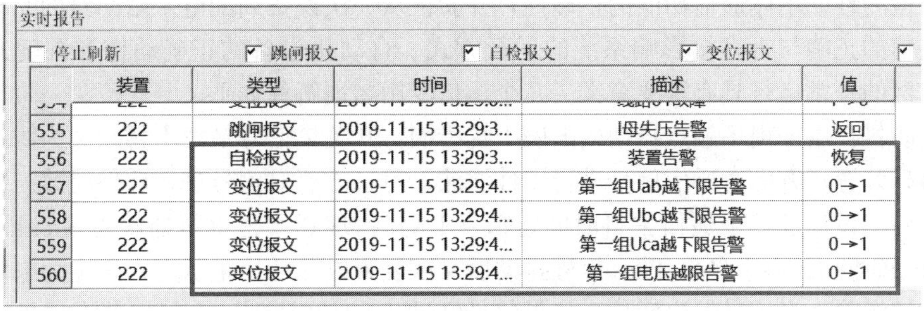

实时报告

停止刷新 跳闸报文 自检报文 变位报文

	装置	类型	时间	描述	值
555	222	跳闸报文	2019-11-15 13:29:3...	I母失压告警	返回
556	222	自检报文	2019-11-15 13:29:3...	装置告警	恢复
557	222	变位报文	2019-11-15 13:29:4...	第一组Uab越下限告警	0→1
558	222	变位报文	2019-11-15 13:29:4...	第一组Ubc越下限告警	0→1
559	222	变位报文	2019-11-15 13:29:4...	第一组Uca越下限告警	0→1
560	222	变位报文	2019-11-15 13:29:4...	第一组电压越限告警	0→1

图 2-60 电压越下限告警界面

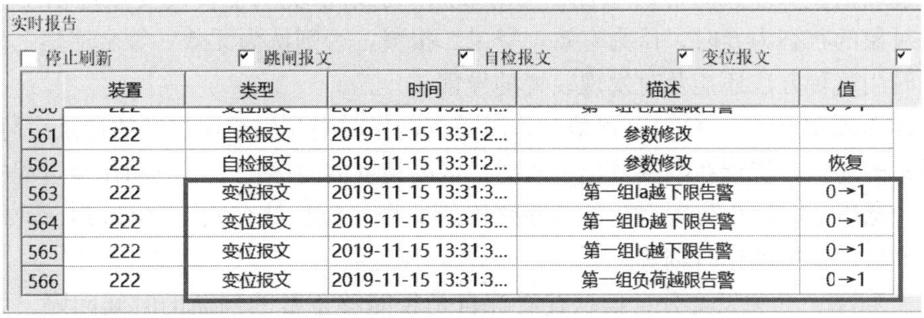

实时报告

停止刷新 跳闸报文 自检报文 变位报文

	装置	类型	时间	描述	值
561	222	自检报文	2019-11-15 13:31:2...	参数修改	
562	222	自检报文	2019-11-15 13:31:2...	参数修改	恢复
563	222	变位报文	2019-11-15 13:31:3...	第一组Ia越下限告警	0→1
564	222	变位报文	2019-11-15 13:31:3...	第一组Ib越下限告警	0→1
565	222	变位报文	2019-11-15 13:31:3...	第一组Ic越下限告警	0→1
566	222	变位报文	2019-11-15 13:31:3...	第一组负荷越限告警	0→1

图 2-61 电流越下限告警界面

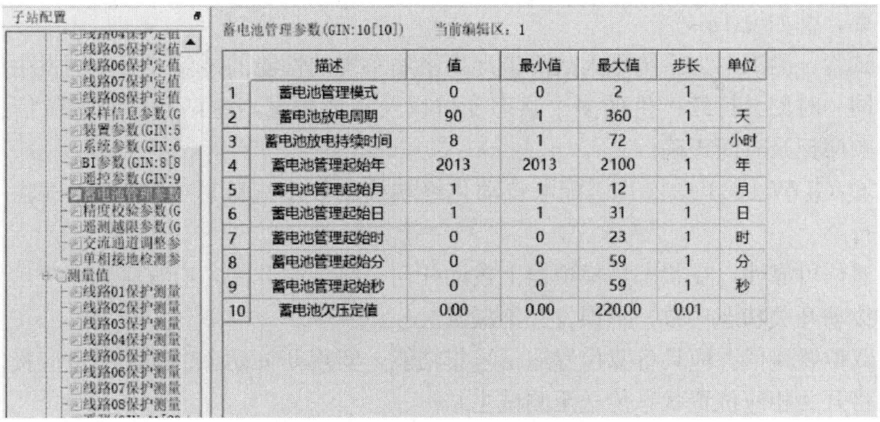

蓄电池管理参数(GIN:10[10]) 当前编辑区：1

	描述	值	最小值	最大值	步长	单位
1	蓄电池管理模式	0	0	2	1	
2	蓄电池放电周期	90	1	360	1	天
3	蓄电池放电持续时间	8	1	72	1	小时
4	蓄电池管理起始年	2013	2013	2100	1	年
5	蓄电池管理起始月	1	1	12	1	月
6	蓄电池管理起始日	1	1	31	1	日
7	蓄电池管理起始时	0	0	23	1	时
8	蓄电池管理起始分	0	0	59	1	分
9	蓄电池管理起始秒	0	0	59	1	秒
10	蓄电池欠压定值	0.00	0.00	220.00	0.01	

图 2-62 蓄电池软件管理界面

电池电压小于欠压定值时停止活化。

【蓄电池管理起始年】如果设置为 2020，那么 2020 之前就不进行自动活化。

第六节 遥 信 试 验

一、遥信功能测试要求

遥信测试主要包括终端单体遥信回路测试、涵盖主站和一次设备的整组回路测试，测试的目的是检测终端单体遥信功能的正确性，并验证从一次设备到配电主站回路的完整性和正确性。遥信的正确与否直接影响系统的运行方式、自动化设备的正确动作和调度人员的决策，对电网的正常运行具有重要意义。几个遥信专用名词解释如下。

遥信防抖：由于现场触点抖动或电磁干扰影响，开关量信号易发生抖动。为防止遥信误报或漏报，装置一方面对遥信信号进行硬件滤波，另一方面对信号进行软件滤波。装置为每一个遥信专门设计了一个遥信去抖时间定值 Td，其物理意义是继电器触点最长抖动时间。当信号抖动时间 Δt 小于参数 Td，信号抖动后又恢复为以前的稳定状态，确定为电磁干扰影响，抖动被滤除。当信号发生变位，如果信号经过 Td 时间达到一个稳定状态，可以确认发生信号变位。

双位置遥信：取开关的辅助动合、动断触点，主站系统从上传的变位遥信中由程序判断，同一对象的状态为异时，认为有效、登录、报警，否则认为无效，等全遥信上传后将其复原。同时用这种方法还能及时发现装置的异常。

遥信动作顺序记录（SOE）：遥信动作时需按动作时间先后顺序进行的记录。简单地说，就是带时标的遥信，特指在电网发生事故时，以高精度的时序记录事故动作全过程的下列一些数据，包括事故时发生位置变化的各断路器的编号（包括站名）、变位时刻、动作保护名称、故障参数、保护动作时刻等。

SOE 分辨率：开关发送分合信息查看综自是否能够正常的判断的时间间隔。如果现场两个遥信的变位时间小到一定程度，测控装置将不再能反应谁先谁后动作，而遥信变位的先后顺序在电力系统事件记录和分析中有着很重要的作用；所以通常要求测控装置具有较好的遥信分辨率，譬如说 1ms。

雪崩试验：测试电力系统重大故障情况下主站系统的性能的试验。当电网发生严重事故时各厂站同一时刻会持续产生的多个状态变位以及遥测数据，主站必须将变位信息记录完整，事件顺序记录时间正确。

根据 Q/GDW 10639—2018《配电自动化终端检测技术规范》，遥信功能试验应按照以下要求进行：

（1）遥信可靠性。在状态量模拟器上拨动任何一路试验开关，应观察到相应信号变化上送，且与拨动开关状态一致，不误发、不漏发。

（2）双位置遥信。应具备双位置遥信采集功能，实现开关动合、动断触点应接入配电终端，并能将开关相应位置状态传送至测试主站。

（3）遥信防抖。配电终端应具备遥信输入量防抖动功能，防抖时间 10～1000ms 可设。当状态模拟器输出的开出量持续时间小于被测终端防抖时间定值时，终端不应产生该遥信输入量和 SOE 信号；反之，配电终端应产生该遥信输入量和 SOE 信号。

（4）SOE 分辨率。将状态量模拟器的两路输出连接至被测终端的两路状态量输入端子上，对两路输出设定一定的时间延迟，该值应不小于 5ms（可调），配电终端应能正确显示状态的变换及动作时间，开关变位事件记录应符合 SOE 分辨率的要求。

（5）遥信雪崩。将状态模拟器的一路输出连接至被测终端的所有状态量输入端子上，状态模拟器每分钟切换次数不少于 60 次，试验时间不少于 1min，配电终端应均能检测到状态变化信息，不漏报、不误报，变位记录时间一致。

（6）虚拟遥信。定义虚拟遥信，将实际遥信关联此类遥信，模拟实际遥信变位，配电终端虚拟遥信应正确上传至测试主站。

（7）遥信动作阈值应合理设置，保证低于 30% 的额定电压时，遥信可靠不动作，高于 70% 的额定电压时，遥信应可靠动作。

二、遥信功能实现的硬件回路说明

DTU 装置面板上有四块 BIO（开入、开出混合插件）板，每块 BIO 板分为 BO（开出插件）与 BI（开入插件）两部分区域。下半部分的 BI（开入插件）区域即为硬遥信接入触点。BIO 板 1 对应遥信 1～14，板 2 为遥信 15～29，以此类推，最后板 4 的遥信 56 结束。

此处的"遥信 01""遥信 15"等指的是本装置内部的原始点号，而非转发点号。具体转发点表配置方法将在第四章第四节说明。

DTU 装置的第一间隔遥信回路图如图 2-63 所示，其他间隔类似。

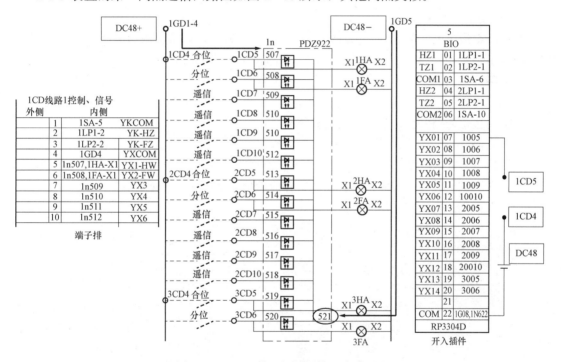

图 2-63 DTU 第一间隔遥信回路原理图

三、DTU 公共硬触点遥信回路检查及试验

本部分内容只说明本地调试方法，与主站通信及核对的方法将在第四章详述。在本部分中，每个遥信点都对应了装置的特定原始遥信点号，这是与装置的接线方法直接相关的，如果更改了装置的接线方法，则点表也应做出相应的调整。

（一）远方/就地遥信

在本例装置中，"DTU 远方"遥信对应遥信 53，在不考虑人为设置缺陷影响的情况下，遥信 53 为"1"时，代表装置在远方位置，遥信 53 为"0"时代表装置在就地位置；"DTU 就地"遥信对应遥信 54，遥信 54 为"1"时代表装置在就地位置，遥信 53 为"0"时代表装置在远方位置。

试验方法：

转动装置上 1SA 旋钮，1SA 旋钮有"远方""闭锁""就地"三种位置。

（1）在维护软件中【实时报告】栏观察相应变化，如图 2-64 所示。

图 2-64 远方/就地遥信变位

（2）在模拟主站核对遥信变位情况。

（二）交流失电遥信

"DTU 交流失电"遥信对应遥信 49，在不考虑人为设置缺陷影响的情况下，遥信 49 为"1"时表示装置交流失电，遥信 49 为"0"时表示装置供电正常。

需要特别指出的是，本装置标准遥信 49 代表的是备电欠压，遥信 51 代表的是主电欠压。现场工作中可根据实际接线直接配置遥信 49 或 51 对应信息，也可以通过修改配置文件，配置为遥信 49 和遥信 51 的逻辑运算结果。

试验方法：

（1）拉下装置电源供电空气开关 AK1（若现场实际由 AK2 供电，则拉下空气开关 AK2）。

（2）在维护软件中【实时报告】栏观察相应变化，如图 2-65 所示。

（3）在模拟主站核对遥信变位情况。

图 2-65 交流失电遥信变位

（三）蓄电池活化

"DTU 蓄电池活化"遥信对应遥信 52，在不考虑人为设置缺陷影响的情况下，遥信 52 为"1"时表示装置蓄电池在活化状态，遥信 52 为"0"时表示装置蓄电池不在活化状态。

试验方法：

（1）确认交流电供电正常。

（2）手动按下装置内部电池模块上活化"ON"按钮，开始电池活化。

（3）在维护软件中【实时报告】栏观察相应变化，如图 2 - 66 所示。

（4）在模拟主站核对遥信变位情况。

（5）手动按下装置内部电池模块上活化"OFF"按钮，退出电池活化。

图 2 - 66　蓄电池活化遥信变位

（四）复归

"DTU 复归"遥信对应遥信 56，在不考虑人为设置缺陷影响的情况下，遥信 56 为"1"时代表装置正在手动复归，遥信 56 为"0"时代表装置无手动复归命令。

试验方法：

（1）按下装置上"复归"按钮。

（2）在维护软件中【实时报告】栏观察相应变化，如图 2 - 67 所示。

实时报告					
□ 停止刷新	☑ 跳闸报文	☑ 自检报文	☑ 变位报文	☑ 运行报文	☑ SOE报文
	1	2	3	4	5
1	netA	SOE报文	2019-11-15 12:46:16:125:000	遥信56	0->1
2	netA	COS报文	2019-11-15 12:47:03.062	遥信56	0->1
3	netA	SOE报文	2019-11-15 12:46:16:385:000	遥信56	1->0
4	netA	COS报文	2019-11-15 12:47:03.312	遥信56	1->0

图 2 - 67　复归遥信变位

四、DTU 开关硬触点遥信回路检查及试验

PDZ920 智能配电终端可以对八个间隔的开关硬触点状态进行监测，在现场实际应用中可按需进行配置、测试，此处以间隔 1 举例进行说明。

（一）间隔 1 合位/分位

"间隔 1 开关合位"遥信位置对应遥信 01，在不考虑人为设置缺陷影响的情况下，遥信 01 为"1"时代表间隔 1 开关在合位，遥信 01 为"0"时代表间隔 1 开关在分位；"间隔 1 开关分位"遥信位置对应遥信 02，遥信 02 为"1"时代表间隔 1 开关在分位，遥信 02 为"0"时代表间隔 1 开关在合位。

试验方法：

（1）对间隔1开关进行本地合闸操作。

（2）在维护软件中【实时报告】栏观察相应变化，如图2-68所示。

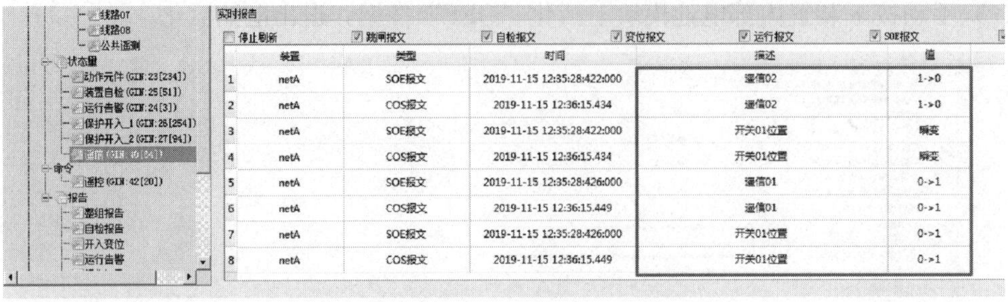

图2-68　间隔1合闸操作遥信变位

（3）在模拟主站核对遥信变位情况。

（4）对间隔1开关进行本地分闸操作。

（5）在维护软件中【实时报告】栏观察相应变化，如图2-69所示。

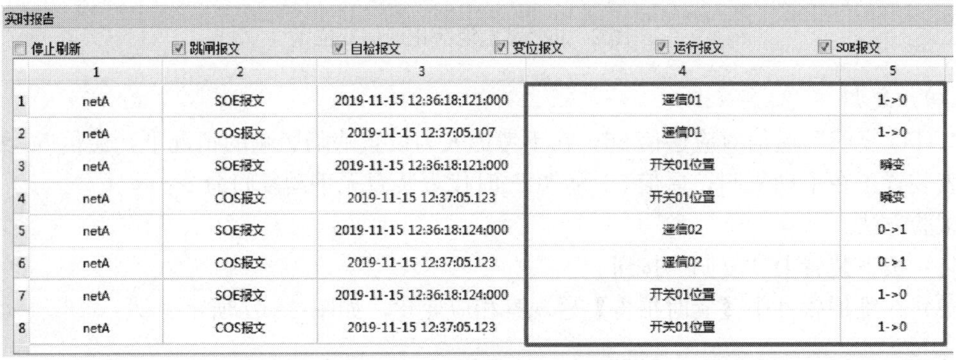

图2-69　间隔1分闸操作遥信变位

（6）在模拟主站核对遥信变位情况。

（二）间隔1接地开关位置

"间隔1开关接地开关合位"遥信位置对应遥信04，在不考虑人为设置缺陷影响的情况下，遥信04为"1"时代表间隔1开关接地开关在合位，遥信04为"0"时代表间隔1开关接地开关在分位。

试验方法：

（1）开关在分位时，手动合上接地开关，然后拉开接地开关。

（2）在维护软件中实时报告栏观察相应变化，如图2-70所示。

（3）在模拟主站核对遥信变位情况。

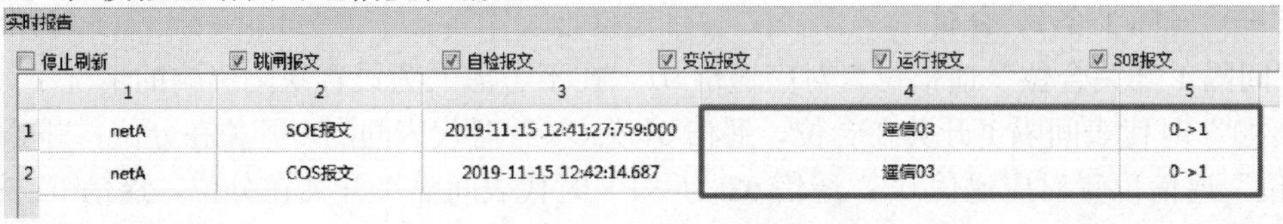

图2-70　间隔1接地开关位置遥信变位

44

（三）间隔1远方/就地

"间隔1开关远方"遥信位置对应遥信03，在不考虑人为设置缺陷影响的情况下，遥信03为"1"时代表间隔1开关在远方位置，遥信03为"0"时代表间隔1开关在就地位置。

试验方法：

（1）将开关柜上"远方/就地"旋钮指针朝向由"就地"转动至"远方"。

（2）在维护软件中【实时报告】栏观察相应变化，如图2-71所示。

（3）在模拟主站核对遥信变位情况。

实时报告					
□停止刷新	☑跳闸报文	☑自检报文	☑变位报文	☑运行报文	☑SOE报文
	1	2	3	4	5
1	netA	SOE报文	2019-11-15 12:36:57:129:000	遥信04	0->1
2	netA	COS报文	2019-11-15 12:37:44.016	遥信04	0->1

图2-71　间隔1开关远方/就地遥信变位

五、DTU虚遥信试验

PDZ920智能配电终端提供了大量保护类功能，可以笼统地概括为过流类、越限类，此类遥信的试验方法在本章第八节将会进行详细说明。

第七节　遥　控　试　验

一、遥控功能测试要求

PDZ920具有多路遥控输出，每路遥控可以分别进行合闸或分闸。每一路遥控操作必须经过遥控选择、返校、执行几个步骤来确保遥控操作的正确性。当装置进行后台或调度遥控时，"远方/就地"操作把手必须处于"远方"位置；当装置进行就地开关操作时，必须处于"就地"位置。

控制功能试验应按照以下要求进行：

（1）遥控正确性验证。测试主站向配电终端按照预置、返校、执行的顺序下发分合控制命令，配电终端应正确执行分闸或合闸命令。试验重复10次，遥控成功率应为100%。

（2）遥控输出闭锁。测试主站进行远方遥控操作，同时进行掉电恢复或复归操作，使配电终端处于初始化和复位状态，配电终端控制输出分/合闸继电器应保持输出闭锁，测量控制输出分/合闸出口无变化。

（3）遥控保持时间设置。在100～1000ms范围内设置配电自动化终端任一路遥控的动作保持时间，遥控时分/合闸继电器闭合的保持时间应与设置的时间相差不大于5ms。

（4）遥控异常自诊断。测试主站选择直接遥控执行，终端应不执行；模拟主站依次选择"预置、预置取消、控制执行"，终端应不执行；测试主站依次选择"预置、通信中断、通信恢复、控制执行"，终端应不执行；模拟主站依次选择"预置、通信中断、超过时间、控制执行"，终端应不执行；选择采用错误信息体地址发送遥控命令，终端应不执行。

（5）保护功能投退验证。测试主站向配电终端发出保护功能投退命令，配电终端应能正确响应并执行。当保护功能投入，通过继电保护测试仪向配电终端施加故障电流，终端应能正确跳闸；反之配电终端保护功能退出时，模拟故障时不执行跳闸。

（6）参数配置功能验证。进行远方及就地参数调阅与配置，配置参数包括零漂、变化阈值（死区）、重过载报警限值、短路及接地故障动作参数、终端固有参数等，终端应能准确返回调阅参数和执行参数配置。

（7）就地远方功能切换试验。测试主站向配电终端发出开关控制命令，当远方就地切换开关处于就地时，配电终端应无遥控输出；处于远方状态时，遥控应正常输出。

（8）遥控压板验证。硬压板：当硬压板投入时，对应压板输入/输出侧均可检测到遥控脉冲；当硬压板退出时，仅可在对应压板输入侧检测到遥控脉冲；软压板：当软压板投入时，终端应执行主站遥控命令；当软压板退出时，终端应不执行主站遥控命令。

（9）重合闸及重合闸后加速功能投退验证。重合闸功能投入时，通过继电保护测试仪施加过流段故障电流，开关跳闸，故障电流消失后，终端应能执行重合闸功能；模拟重合于永久故障，应加速跳闸。

（10）蓄电池远方维护功能验证。主站向配电终端发出蓄电池远方维护控制命令，配电终端应能够正确响应，并能够对蓄电池执行远方维护控制命令。

二、遥控功能实现的硬件回路说明

在第六节中对 BIO 板已经做了介绍，每块 BIO 板分为 BO（开出插件）与 BI（开入插件）两部分区域（见图 2-63）。上半部分的 BO（开出插件）区域即为遥控开出触点，为两组合、分与公共端共计 6 个端子，共有 4 个遥控点位，如表 2-3 所示。

表 2-3 开出插件端子定义

BO 端子号	BO 端子定义	BO 端子号	BO 端子定义
01	遥控 1 合	04	遥控 2 合
02	遥控 1 分	05	遥控 2 分
03	公共端 1	06	公共端 2

三、遥控试验

（一）开关本地遥控试验

开关本地遥控试验步骤如下：

（1）在维护软件左侧列表中找到【命令】，单击【遥控】。

（2）在维护软件右侧遥控框内右键单击【遥控 01】，如图 2-72 所示。

（3）选择【控合】或者【控分】后在对话框内单击【确定】分别发出合闸或者分闸遥控预置指令，如图 2-73 所示。

（4）遥控预置成功后，单击【执行命令】执行，或者单击【撤销命令】取消执行，如图 2-74 所示。

（5）遥控成功，单击确定，如图 2-75 所示。

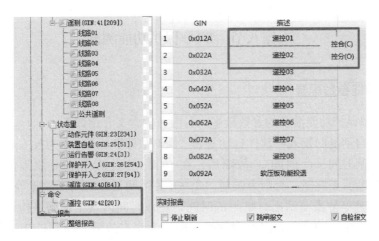

图 2-72　遥控选择

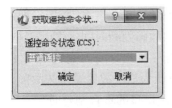

图 2-73　遥控预置

图 2-74　遥控执行图　　　图 2-75　遥控执行成功

（二）蓄电池活化遥控试验

蓄电池活化遥控试验步骤如下：

（1）在维护软件左侧列表中找到【命令】，单击【遥控】。

（2）在维护软件右侧遥控框内右击【电池活化控制】，如图 2-76 所示。

（3）其余步骤及说明与开关本地遥控相同。

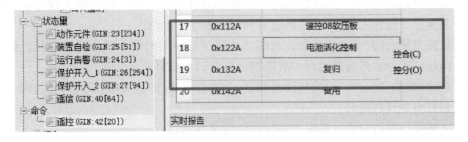

图 2-76　蓄电池遥控活化

DTU 终端"三遥"
调试方法

第八节 DTU 保护功能测试

一、保护功能参数配置

PDZ920 装置保护功能涉及的参数较多，各参数的含义介绍如下。

故障指示灯自动复归投入：软件自动复归"瞬时故障"投退，1 为投入，0 为退出。

故障等待跳闸时间（t1 时间）：故障后，在 t1 时间内（从检测到故障保护动作开始），根据无压无流判断真正跳闸，否则为误判。t1＞开关跳闸延迟时间［故障等待跳闸时间：t1 为线路发生故障时等待变电站出口跳闸的时间，在该时间内发生跳闸（检测到无压无流），则认为故障真实发生；在该时间内没有跳闸，则认为该次故障为误判；t1 时间应大于变电站出口的跳闸延时］。

故障判断时间（t2 时间）：线路跳闸，重合闸后且确认故障切除时（无压无流）就进入 t2 时间，t2 时间内有故障电流［三段过流、两段零序过流（接地故障）保护动作］则认为该次故障是永久故障，否则 t2 时间后进入 t3 时间。t1＞重合闸延时时间（故障判断时间：t2），变电站跳闸后会有重合闸动作，从故障切除时开始计时，在 t2 时间内（在此时间内变电站应发生重合闸），检测是否再次出现故障电流。若有故障电流出现，则认为该次故障是永久故障；若无，继续等待 t2 计时结束，进入 t3 计时；t2 时间应大于变电站出口的重合闸延时。

故障指示灯自动复归时间（t3 时间）：t2 结束后，t3 时间内仍无故障电流，则认为该次故障是瞬时故障，否则重新进行故障判据，认为是再一次发生的故障。

故障遥信保持时间：涉及过流和零序过流告警信号，故障消除后在没有复归信号时告警信号延时故障遥信保持时间复归，与故障判断无关。

注：

（1）故障等待跳闸时间、故障判断时间均为 0 时，故障持续时间到面板故障灯也同时熄灭。

（2）故障判断时间＞0，故障持续时间＞故障等待跳闸时间，即为永久故障，面板故障灯常亮，装置报"操作闭锁"，可以遥控分闸但不能遥控合闸。

（3）故障判断时间＞0，故障持续时间＜故障等待跳闸时间，即为瞬时故障，面板故障灯闪烁，闪烁时间＝故障判断时间＋故障指示灯自动复归时间。

（4）故障判断时间＝0，故障持续时间＞0，面板故障灯闪烁，闪烁时间＝故障判断时间＋故障指示灯自动复归时间。

（5）故障遥信保持时间＝面板告警灯亮的持续时间。

【保护计算补偿时间】：针对过流保护，过流动作时间为过流时间整定值减去保护计算补偿时间，从而保证过流动作时间不再包括保护计算算法所需时间。

【保护参考线电压相角】：以Ⅰ母 Uab 或Ⅰ母 Ua 的角度作为保护测量的基准 0°相角。

【保护谐波计算使能】：涉及谐波的保护测量，要计算几次谐波就设几，最多可计算 5 次谐波，谐波的保护测量用于保护逻辑中，投入 1 的时候指的是基波。

【保护计算滤坏点使能】：保护计算滤除波形中异常点的算法使能，如投入，影响保护动作时间。

【故障事件参数电压量】：整组报告中的故障事件参数电压量以相电压显示或以线电压显示。

二、保护功能测试步骤详解

保护功能测试开始之前需要做好准备工作和现场安全措施。

（1）准备工作：仪器仪表、工器具应试验合格，材料应齐全，包括设备说明书、图纸、出厂报告等技术资料。

（2）现场安全措施：将电压互感器二次回路断开，取下电压互感器高压熔断器或拉开电压互感器一次侧隔离开关；将电流端子排 TA 侧的 A、B、C 分别与 N 相用短路片或短路线短接，将电流端子排上对应拨片拨开。

（一）三段式过流保护

PDZ920 配电自动化装置具备三段式过流保护功能，每段的电流定值、事件定值都可以独立整定。当任一相电流大于过流定值，并达到器时限时动作。过流保护的主判据是：$I_{max}>I_{nzd}$。其中 I_{max} 为最大相电流，I_{nzd} 为各段过流定值。三段式过流保护逻辑如图 2-77 所示。

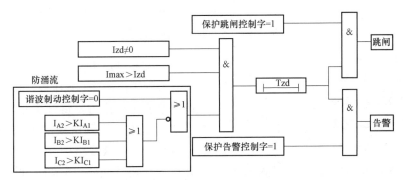

图 2-77 三段式过流保护逻辑

（1）过流 I 段。合上硬压板，合上软压板，将 DTU"远方/就地"把手切至远方，将开关柜"远方/就地"把手切至远方，将测试仪的电流线接至 DTU 的电流端子。将【线路 01 过流 I 段告警投退】投入，将【线路 01 过流 I 段出口投退】投入，【线路 01 过流 I 段电流】设 6A，【线路 01 过流 I 段时限】设 0.15s，分别加 0.95 倍/1.05 倍过流定值、200ms 进行试验并记录试验结果。装置过流 I 段定值配置及告警信息如图 2-78 和图 2-79 所示。

线路 01 过流 I 段告警投退	1
线路 01 过流 I 段出口投退	1
线路 01 过流 I 段灵波投退	1
线路 01 过流 I 段电流	6.00
线路 01 过流 I 段时限	0.15
线路 01 过流 I 段-出口配置	0x0001

图 2-78 过流 I 段定值配置

跳闸报文	2019-11-14 16:26:10:922	线路01保护启动录波
跳闸报文	2019-11-14 16:26:11:066	线路01过流 I 段动作
跳闸报文	2019-11-14 16:26:11:066	线路01过流 I 段动作录波
跳闸报文	2019-11-14 16:26:11:066	线路01过流 I 段告警

图 2-79 过流 I 段告警信息（1.05 倍定值）

（2）过流 II 段、过流 III 段操作方法与过流 I 段一致，注意动作延时设定及验证。

（二）零序过流保护

在接地系统、经小电阻接地系统或在电缆出线较多的不接地系统中，接地时零序电流相对较大，可以采用零序过流保护作为接地保护。零序过电流保护的主判据是 $3I0 > I0zd$。其中 $3I0$ 的值为零序电流值，$I0zd$ 为零序过流定值，当零序电流大于零序过流定值，并达到其时限时动作。当零序过流定值设置为 0 时，表示零序过电流保护功能退出。零序过电流保护逻辑如图 2-80 所示。

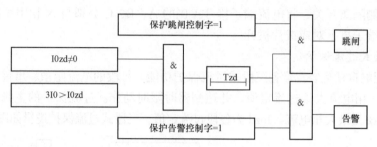

图 2-80 零序过电流保护逻辑

线路01零序过流I段告警投退	1
线路01零序过流I段出口投退	1
线路01零序过流I段录波投退	1
线路01零序过流I段电流	1.00
线路01零序过流I段时限	3.00
线路01零序电流突变定值	0.60
线路01零序过流I段-出口配置	0x0001

图 2-81 零序过流Ⅰ段定值配置

（1）零序过流Ⅰ段。

合上硬压板，合上软压板，将 DTU "远方/就地" 把手切至远方，将开关柜 "远方/就地" 把手切至远方，将测试仪的电流线接至 DTU 的电流端子。将【线路 01 零序过流Ⅰ段告警投退】投入，将【线路 01 零序过流Ⅰ段出口投退】投入，【线路 01 零序过流Ⅰ段电流】设 1A，【线路 01 零序过流Ⅰ段时限】设 3s，分别加 0.95 倍/1.05 倍零序过流定值进行试验并记录试验结果，如图 2-81 和图 2-82 所示。

跳闸报文	2019-11-14 17:13:41:767	线路01零序过流Ⅰ段动作
跳闸报文	2019-11-14 17:13:41:767	线路01零序过流Ⅰ段动作录波
跳闸报文	2019-11-14 17:13:41:767	线路01零序过流Ⅰ段告警

图 2-82 零序过流Ⅰ段告警信息（1.05 倍定值）

（2）零序过流Ⅱ段操作方法与零序Ⅰ段一致，注意延时设定及验证。

（三）过负荷告警

当最大相电流大于过负荷告警电流定值，并达到过负荷时限时告警。过负荷告警逻辑如图 2-83 所示。

1. 线路重载

合上硬压板，合上软压板，将 DTU "远方/就地" 把手切至远方，将开关柜 "远方/就地" 把手切至远方，将测试仪的电流线接至 DTU 的电流端子。将【线路 01 重载投退】投入，【线路 01 重载电流】设 2A，【线路 01 重载时限】设 2s，分别加 0.95 倍/1.05 倍电流定值进行试验并记录试验结果，如图2-84和图2-85所示。

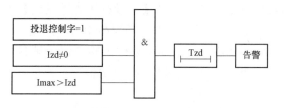

图2-83 过负荷告警逻辑

线路01重载投退	1
线路01重载电流	2
线路01重载时限	2

图2-84 线路重载定值配置

变位报文	2019-11-14 17:31:30:296:260	线路01重载告警	0→1
变位报文	2019-11-14 17:31:30:311:851	线路01告警总	0→1

图2-85 线路重载告警信息（1.05倍定值）

2. 线路过载

合上硬压板，合上软压板，将DTU"远方/就地"把手切至远方，将开关柜"远方/就地"把手切至远方，将测试仪的电流线接至DTU的电流端子。将【线路01过载投退】投入，【线路01过载电流】设5A，【线路01过载时限】设5s，分别加0.95倍/1.05倍电流定值进行试验并记录试验结果，如图2-86和图2-87所示。

线路01过载投退	1
线路01过载电流	5.00
线路01过载时限	5

图2-86 线路过载定值配置

变位报文	2019-11-14 17:40:57:848:431	线路01过载告警	0→1
变位报文	2019-11-14 17:40:57:867:222	线路01告警总	0→1

图2-87 线路过载告警信息（1.05倍定值）

（四）电压保护

1. 过电压保护

当任意一线电压幅值超过U_{zd}过电压定值且$U_{zd} > U_n$，达到过电压时限T_{zd}时保护动作，其中U_n为母线TV保护二次值。若母线TV断线则将过压保护功能闭锁。过电压保护逻辑如图2-88所示。

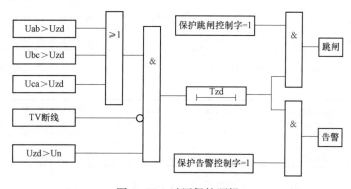

图2-88 过压保护逻辑

合上硬压板，合上软压板，将DTU"远方/就地"把手切至远方，将开关柜"远方/就地"把手切至远方，将测试仪的电压线接至DTU的电压端子。将【Ⅰ母过压告警投退】投入，将【Ⅰ母过压出口投退】投入，【Ⅰ母过压电压定值】设120V（必须高于UN），【Ⅰ母过压时间定值】设12s，分别加0.95倍/1.05倍电压定值、12.05s进行试验并记录试验结果，如图2-89～图2-91所示。

Ⅰ母TV系统二次值	100
Ⅱ母TV系统二次值	100

图2-89 Ⅰ母过压保护系统参数配置

2. 零序过压保护

零序电压保护指在大电流接地系统发生接地故障后，利用零序电压构成保护。若零序电压自产且母线TV断线，则将零序电压保护功能闭锁。零序电压保护逻辑如图2-92所示。

合上硬压板，合上软压板，将DTU"远方/就地"把手切至远方，将开关柜"远方/就地"把手切至远方，将测试仪的电压线接至DTU的Uo端子。将保护零序电压自产投0，将【Ⅰ母零序过压告警投退】投入，将【Ⅰ母零序过压出口投退】投入，【Ⅰ母零序过压电压定值】设6.5V，【Ⅰ母零序过压时间定值】设1s，分别加0.95倍/1.05倍电压定值、1.05s进行试验并记录试验结果，如图2-93和图2-94所示。

Ⅰ母过压告警投退	1
Ⅰ母过压出口投退	1
Ⅰ母过压录波投退	1
Ⅰ母过压电压定值	120
Ⅰ母过压时间定值	12
Ⅰ母过压Ⅰ段-出口配置	0x0001

图2-90 Ⅰ母过压保护定值配置

跳闸报文	2019-11-14 19:10:42:934	Ⅰ母过压保护动作
跳闸报文	2019-11-14 19:10:42:934	Ⅰ母过压动作录波
跳闸报文	2019-11-14 19:10:42:934	Ⅰ母过压告警

图2-91 Ⅰ母过压保护告警信息（1.05倍定值）

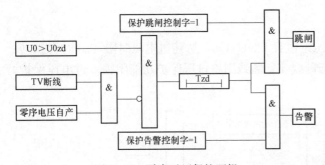

图2-92 零序过压保护逻辑

Ⅰ母零序过压告警投退	1
Ⅰ母零序过压出口投退	1
Ⅰ母零序过压录波投退	1
Ⅰ母零序过压-电压定值	6.50
Ⅰ母零序过压-时间定值	1
Ⅰ母零序过压-出口配置	0x0001

图2-93 Ⅰ母零序过压保护定值配置

跳闸报文	2019-11-14 19:56:21:315	Ⅰ母零序过压保护动作
跳闸报文	2019-11-14 19:56:21:315	Ⅰ母零序过压动作录波
跳闸报文	2019-11-14 19:56:21:315	Ⅰ母零序过压告警

图2-94 Ⅰ母零序过压告警信息（1.05倍定值）

3. 低压保护

当三相线电压幅值低于低压定值 Uzd，并达到低电压时限 Tzd 时动作。若母线 TV 断线则将低压保护功能闭锁。低电压保护逻辑如图 2-95 所示。

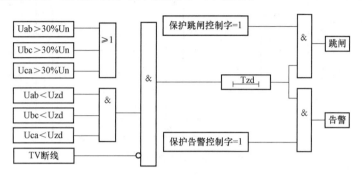

图 2-95 低压保护逻辑

合上硬压板，合上软压板，将 DTU"远方/就地"把手切至远方，将开关柜"远方/就地"把手切至远方，将测试仪的电压线接至 DTU 的电压端子。将【Ⅰ母低压告警投退】投入，将【Ⅰ母低压出口投退】投入，【Ⅰ母低压电压定值】设 40V（必须高于 30% Un），【Ⅰ母低压时间定值】设 4s，分别加 0.95 倍/1.05 倍电压定值、4.05s 进行试验并记录试验结果，如图 2-96~图 2-98 所示。

Ⅰ母TV系统二次值	100
Ⅱ母TV系统二次值	100

图 2-96 Ⅰ母低压保护系统参数配置

4. 失压保护

当三相线电压有压 10s 后，三相线电压幅值低于失压定值 Uzd，并达到失压时限 Tzd 时保护动作。若母线 TV 断线则将失压保护功能闭锁。失压保护逻辑如图 2-99 所示。

合上硬压板，合上软压板，将 DTU"远方/就地"把手切至远方，将开关柜"远方/就地"把手切至远方，将测试仪的电压线接至 DTU 的电压端子。将【Ⅰ母失压告警投退】

Ⅰ母低压告警投退	1
Ⅰ母低压出口投退	1
Ⅰ母低压录波投退	1
Ⅰ母低压电压定值	40
Ⅰ母低压时间定值	4
Ⅰ母低压Ⅰ段-出口配置	0x0001

图 2-97 Ⅰ母低压保护定值配置

投入，将【Ⅰ母失压出口投退】投入，【Ⅰ母失压电压定值】设 50V，【Ⅰ母失压时间定值】设 5s，加 100V/10s 后降至 0.95 倍/1.05 倍电压定值进行试验并记录试验结果，如图 2-100~图 2-102 所示。

跳闸报文	2019-11-14 19:04:22:681	Ⅰ母保护启动录波
跳闸报文	2019-11-14 19:04:26:671	Ⅰ母低压保护动作
跳闸报文	2019-11-14 19:04:26:671	Ⅰ母低压动作录波
跳闸报文	2019-11-14 19:04:26:671	Ⅰ母低压告警

图 2-98 Ⅰ母低压告警信息（1.05 倍定值）

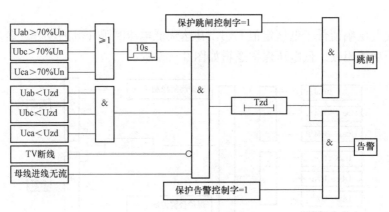

图 2 - 99　低压保护逻辑

Ⅰ母TV系统二次值	100
Ⅱ母TV系统二次值	100

图 2 - 100　Ⅰ母失压保护系统参数配置

断谐波较大时闭锁保护不动作，下面以 A 相过流Ⅰ段为例做二次谐波制动测试。

合上硬压板，合上软压板，将 DTU "远方/就地"把手切至远方，将开关柜"远方/就地"把手切至远方。将【保护谐波计算使能】设为 2，将【过流Ⅰ段谐波制动控制字】投入，根据【过流Ⅰ段二次谐波制动比】计算基波为 1.2 倍过流定值时的谐波量，分别加 0.95 倍/1.05 倍谐波量（100Hz）进行试验并记录试验结果，如图 2 - 103 和图 2 - 104 所示。

（五）谐波制动

当线路上挂载较多变压器，开关合闸送电时会产生以二次谐波为主的励磁涌流，易引起保护无故障跳闸，故设置了谐波制动，装置判

Ⅰ母失压告警投退	1
Ⅰ母失压出口投退	1
Ⅰ母失压录波投退	1
Ⅰ母失压电压定值	50.00
Ⅰ母失压时间定值	5
Ⅰ母失压-出口配置	0x0001

图 2 - 101　Ⅰ母失压保护定值配置

跳闸报文	2019-11-14 19:17:22:874	Ⅰ母失压保护动作
跳闸报文	2019-11-14 19:17:22:874	Ⅰ母失压动作录波
跳闸报文	2019-11-14 19:17:22:874	Ⅰ母失压告警

图 2 - 102　Ⅰ母失压保护告警信息（0.95 倍定值）

线路1过流Ⅰ段谐波制动控制字	1
线路1过流Ⅰ段二次谐波制动比	0.15

图 2 - 103　过流Ⅰ段二次谐波制动定值配置

（六）非遮断保护

配电线路配置较多的负荷开关，它无法开断较大的故障电流，所有需要设置保护，防止负荷开关损坏。PDZ920 配电自动化装置具备非遮断保护功能，确保负荷开关不能分断大电流。当任一相电流大于非遮断电流定值，闭锁保护出口。非遮断保护的主判据是：Imax＞Izd。其中 Imax 为最大相电流，Izd 为各段非遮断电流定值。非遮断保护逻辑如图 2 - 105 所示。

跳闸报文	2019-11-14 19:39:47:527	线路01保护启动录波	
跳闸报文	2019-11-14 19:39:47:537	线路01保护启动录波	返回
跳闸报文	2019-11-14 19:39:47:537	线路01过流I段谐波制动	
跳闸报文	2019-11-14 19:39:49:381	线路01过流I段谐波制动	返回

图 2-104　过流 I 段谐波制动启动告警信息（1.05 倍谐波量）

合上硬压板，合上软压板，将 DTU "远方/就地"把手切至远方，将开关柜"远方/就地"把手切至远方，将测试仪的电流线接至 DTU 的电流端子。将【线路01非遮断控制字】投入，【线路 01 非遮断电流】设 7.5A，分别加 0.95 倍/1.05 倍非遮断电流定值进行试验并记录试验结果，如图 2-106 和图 2-107 所示。

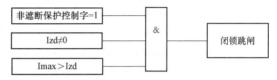

图 2-105　非遮断保护逻辑

线路01非遮断控制字	1
线路01非遮断录波投退	1
线路01非遮断电流	7.50
线路01非遮断出口配置	0x0001

图 2-106　非遮断定值配置

（七）小电流接地保护

以 I 母为例做小电流接地保护测试。

合上硬压板，合上软压板，将 DTU "远方/就地"把手切至远方，将开关柜"远方/就地"把手切至远方，将测试仪的电压/电流线接至 DTU 的 I 母/线路 01 电流端子。

跳闸报文	2019-11-14 19:46:17:310	线路01保护启动录波
跳闸报文	2019-11-14 19:46:17:319	线路01非遮断动作
跳闸报文	2019-11-14 19:46:17:319	线路01非遮断动作录波

图 2-107　非遮断动作告警信息（1.05 倍定值）

将【单相接地检测参数组】中的【零序采样方式】设为 2（零压外接零流自产），【接地检测按位使能】设为 1，【接地跳闸按位使能】设为 1，【接地录波按位使能】设为 1，【I 母接地诊断方式】设为 6，【I 母接地检测总使能】设为 1，【I 母接地启动录波使能】设为 1，【I 母接地告警使能】设为 1，【I 母接地跳闸总使能】设为 1，【I 母信号复归方式】设为 1，【I 母零序电压门槛值】（用于上下游分析启动）设为 3，【I 母零序电压启动值】（用于母线故障告警启动）设为 5，【I 母零序电流有效门槛值】（用于上下游分析有效值门槛）设为 0.015，【I 母零序电流瞬时门槛值】（用于上下游分析瞬时值门槛）设为 0.035；分别加 0.95 倍/1.05 倍零序电压定值进行试验并记录试验结果，然后分别加零序电流滞后零序电压 90°以及零序电流超前零序电压 90°，验证下游故障告警（出口）以及上游故障告警的正确性，如图 2-108～图 2-110 所示。

零序采样方式	零压外接零流自产
接地检测按位使能	1
接地跳闸按位使能	1
接地录波按位使能	1
I 母接地诊断方式	6
I 母接地检测总使能	1
I 母接地启动录波使能	1
I 母接地告警使能	1
I 母接地跳闸总使能	1
I 母信号复归方式	1
I 母零序电压门槛值	3.00
I 母零序电压启动值	5.00
I 母零序电流有效门槛值	0.015
I 母零序电流瞬时门槛值	0.035

图 2-108　单相接地检测参数组配置

跳闸报文	2019-11-14 20:18:28:836	线路01接地录波	
跳闸报文	2019-11-14 20:18:28:877	线路01下游故障	
自检报文	2019-11-14 20:18:28:864:899	装置告警	
变位报文	2019-11-14 20:18:28:880:524	线路01告警总	0→1
变位报文	2019-11-14 20:18:28:880:524	线路01事故总	0→1
变位报文	2019-11-14 20:18:28:908:704	线路01故障	0→1

图 2-109 下游故障接地告警并动作（1.05 倍定值）

跳闸报文	2019-11-14 20:21:41:347	线路01接地录波
跳闸报文	2019-11-14 20:21:41:394	线路01上游故障
自检报文	2019-11-14 20:21:41:382:173	装置告警

图 2-110 上游故障只告警不动作（1.05 倍定值）

三、故障录波调阅

维护软件进入【文件召唤】菜单，在【装置目录】中选定/media/wave/comtrade 路径，选择【读取文件列表】，勾选所需录波文件并【启动召唤】，如图 2-111 和图 2-112 所示。

图 2-111 召唤录波

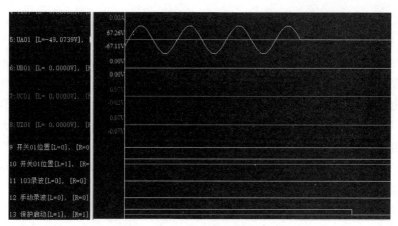

图 2-112 失压保护波形示例

四、保护出口时间测试

以线路 01 过流 I 段为例：

DTU 终端保护
功能测试

1. 准备工作

仪器仪表、工器具应试验合格，材料应齐全，包括设备说明书、图纸、出厂报告等技术资料。

2. 现场安全措施

（1）将电压互感器二次回路断开，取下电压互感器高压熔断器或拉开电压互感器一次刀闸。

（2）将电流端子排 TA 侧的 A、B、C 分别与 N 相用短路片或短路线短接，将电流端子排上对应拨片拨开。

3. 试验步骤

（1）合上软压板。

（2）将 DTU "远方/就地" 把手切至远方，将开关柜 "远方/就地" 把手切至远方，将开关合闸。

（3）将 1CD1 内侧 1SA-5 与 1CD3 内侧 1n502 接至测试仪的开入量 01，并进行绝缘包裹。

（4）将测试仪的电流线接至 DTU 的电流端子；将【线路 01 过流 I 段告警投退】投入，将【线路 01 过流 I 段出口投退】投入，分别加 1.2 倍过流定值进行试验并记录试验结果。

4. 继电保护测试仪加量状态：

（1）状态 1：正常运行状态，电流 5A，持续时间 1s。

（2）状态 2：故障态，电流 7.2A，持续时间 0.2s，并选择时间开入量触发。

（3）从消息内容窗口读取出口时间（状态 2 时长），测 3 次取平均值，即为 0.198s。

五、保护功能异常原因分析

保护功能在技术上一般应满足四个基本要求：选择性、速动性、灵敏性、可靠性，即保护的 "四性"。可靠性是对线路保护最根本的要求，指发生了属于它该动作的故障，它能可靠动作，即不发生拒绝动作（简称拒动）；而在不该动作时，它能可靠不动，即不发生错误动作（简称误动）。

（一）保护拒动

（1）遥测回路存在缺陷，导致加量电压/电流未达到预期值，所以保护不动作。

（2）遥控回路存在缺陷，导致保护动作时继电器动作但出口未动作，传动失败。

（3）过流停电跳闸功能投入，若投入过流停电跳闸功能，会闭锁过流时的保护出口，只有变电站出口跳闸后在停电跳闸等待时间内（程序中已固定时间，一般一两秒）检测到无压无流三段过流才会出口。

（4）保护出口配置控制字未正确设置，例如线路01保护出口配置应为0x0001，若设为0x0000则无法正确动作。

（5）非遮断过流定值＜保护定值，触发非遮断闭锁。

（二）保护误动

（1）遥测回路存在缺陷，导致加量电压/电流超过预期值，保护误动。

（2）保护出口配置控制字未正确设置，例如线路02保护出口配置应为0x0002，若设为0x0001，线路02发生故障时将导致线路01的开关误动。

第九节 安 全 防 护

一、端口管理

（一）配电终端自身的安防要求

（1）配电终端应禁用FTP、TELNET、WEB访问等服务，如确有业务需要，应使用SSH服务，并使用强口令。

（2）配电终端应关闭多余的网络端口，尤其21、23、80等弱端口。

（3）加强配电终端密码管理，终端口令长度不低于8位，应为数字、字母和特殊符号组合。

（二）打开/关闭21端口操作步骤

（1）连接好网线，做好电脑网络配置后使用SSH软件连接PDZ920装置。

（2）使用netstat-an指令查询已开放的端口，如图2-113所示。

```
root@omapl138:~# netstat -an
Active Internet connections (servers and established)
Proto Recv-Q Send-Q Local Address           Foreign Address         State
tcp        0      0 0.0.0.0:8001            0.0.0.0:*               LISTEN
tcp        0      0 0.0.0.0:2404            0.0.0.0:*               LISTEN
tcp        0      0 0.0.0.0:8686            0.0.0.0:*               LISTEN
tcp        0      0 0.0.0.0:6000            0.0.0.0:*               LISTEN
tcp        0      0 0.0.0.0:18002           0.0.0.0:*               LISTEN
tcp        0      0 0.0.0.0:22              0.0.0.0:*               LISTEN
tcp        0      0 192.168.1.101:22        192.168.1.77:30560      ESTABLISHED
tcp        0      0 :::22                   :::*                    LISTEN
udp    30720      0 0.0.0.0:6001            0.0.0.0:*
udp        0      0 0.0.0.0:6002            0.0.0.0:*
Active UNIX domain sockets (servers and established)
Proto RefCnt Flags       Type       State         I-Node Path
root@omapl138:~#
```

图2-113 查询已开放端口

（3）使用 inetd 指令开放 21 端口，然后使用 netstat‐an 确认 21 端口已开放，如图 2‐114 所示。

```
tcp       0       0 :::22                    :::*                    LISTEN
udp     30720      0 0.0.0.0:6001             0.0.0.0:*
udp       0       0 0.0.0.0:6002             0.0.0.0:*
Active UNIX domain sockets (servers and established)
Proto RefCnt Flags       Type       State         I-Node Path
root@omapl138:~# timed out waiting for input: auto-logout
root@omapl138:~# inetd
root@omapl138:~# netstat -an
Active Internet connections (servers and established)
Proto Recv-Q Send-Q Local Address           Foreign Address         State
tcp       0       0 0.0.0.0:8001             0.0.0.0:*               LISTEN
tcp       0       0 0.0.0.0:2404             0.0.0.0:*               LISTEN
tcp       0       0 0.0.0.0:8686             0.0.0.0:*               LISTEN
tcp       0       0 0.0.0.0:6000             0.0.0.0:*               LISTEN
tcp       0       0 0.0.0.0:18002            0.0.0.0:*               LISTEN
tcp       0       0 0.0.0.0:21               0.0.0.0:*               LISTEN
tcp       0       0 0.0.0.0:22               0.0.0.0:*               LISTEN
tcp       0      128 192.168.1.101:22        192.168.1.77:30579      ESTABLISHED
tcp       0       0 :::22                    :::*                    LISTEN
udp     42240      0 0.0.0.0:6001             0.0.0.0:*
udp       0       0 0.0.0.0:6002             0.0.0.0:*
Active UNIX domain sockets (servers and established)
Proto RefCnt Flags       Type       State         I-Node Path
root@omapl138:~#
```

图 2‐114 打开 21 端口并确认

（4）使用 kill ＄（pidof inetd）指令关闭 21 端口，并使用 netstat‐an 确认 21 端口已关闭，如图 2‐115 所示。

```
root@omapl138:~# kill $(pidof inetd)
root@omapl138:~# netstat -an
Active Internet connections (servers and established)
Proto Recv-Q Send-Q Local Address           Foreign Address         State
tcp       0       0 0.0.0.0:8001             0.0.0.0:*               LISTEN
tcp       0       0 0.0.0.0:2404             0.0.0.0:*               LISTEN
tcp       0       0 0.0.0.0:8686             0.0.0.0:*               LISTEN
tcp       0       0 0.0.0.0:6000             0.0.0.0:*               LISTEN
tcp       0       0 0.0.0.0:18002            0.0.0.0:*               LISTEN
tcp       0       0 0.0.0.0:22               0.0.0.0:*               LISTEN
tcp       0      96 192.168.1.101:22        192.168.1.77:30648      ESTABLISHED
tcp       0       0 :::22                    :::*                    LISTEN
udp     65280      0 0.0.0.0:6001             0.0.0.0:*
udp       0       0 0.0.0.0:6002             0.0.0.0:*
Active UNIX domain sockets (servers and established)
Proto RefCnt Flags       Type       State         I-Node Path
root@omapl138:~#
```

图 2‐115 关闭 21 端口并确认

（三）打开/关闭 23 端口操作步骤

（1）使用 SSH 软件连接 PDZ920 装置。

（2）使用 netstat‐an 指令查询已开放的端口。

（3）使用 telnetd 指令开放 23 端口，然后使用 netstat‐an 确认 23 端口已开放。

（4）使用 kill ＄（pidof telnetd）指令关闭 23 端口，并使用 netstat‐an 确认 23 端口已关闭。

二、硬加密

(一) 配电终端专用安全芯片 SC1161Y 介绍

1. 概述

配电专用安全芯片 SC1161Y 是针对最新配电自动化安全防护方案定制开发的专用安全芯片，是通过国家密码局检测的商用密码产品。通过将该安全芯片内嵌在配电终端主板上，对外提供 SPI 通信接口与配电终端的主控 MCU 连接通信，实现对数据的加解密、签名和验签功能，协助配电终端实现与配电主站之间的双向身份认证，并确保业务数据的保密性和完整性。

配电专用安全芯片内带片上操作系统，该操作系统在安全芯片上电后独立运行，实现对芯片上的密钥、数据、文件和硬件资源的管理，并通过响应外部 SPI 通信接口传入的指令完成数据的加解密、签名和验签功能。其关键性能如下：

(1) 抗物理攻击的安全特性。为了保证芯片的物理安全，芯片内部集成如下功能模块：真随机数发生器、存储器保护单元、存储器数据加密、内部时钟振荡器、高低电压检测报警、高低频率检测报警、温度检测报警。

(2) 数据存储可靠性。擦写次数大于等于 100000 次、最小数据保持时间 10 年。

(3) 采用国密加密算法。支持国密 SM1、SM2、SM3 算法。

(4) 工业级的工作温度：−40～80℃。

2. 应用场景

在配电自动化系统安全防护方案中，配电专用安全芯片首先同配电专用安全接入网关进行双向认证，然后同配电加密认证装置进行双向认证，最后同配电加密认证装置实现数据报文的加解密及签名保护。该方案实现了终端到主站侧数据的端到端加密，即保证了整个通信通道的机密性，又可防止假冒终端和主站身份的攻击手段，应用场景如图 2-116 所示。

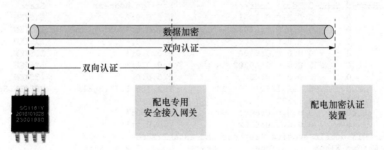

图 2-116 配电专用安全芯片的应用场景

终端安全芯片包括两种部署方式：一种是内置于配电终端内部，一种是置于配电终端外部以加密盒的方式部署。外置方式相对内置方式成本较高，并且增加了额外的故障点，一般只用于老旧设备安全改造。

3. 安全芯片的物理安全

配电终端分布范围广，所处物理环境多为无人看守，终端设备很容易落入攻击者手中。终端设备被攻击者得到后，攻击者会采用侧信道攻击、扰乱攻击、故障攻击、物理攻击等手法对终端进行攻击，以获取终端中的密钥等机密信息。如果没有专用的安全芯片，而采用普通芯片软密码算法及普通存储器，很难抵挡上述攻击。将硬件密码组件和软件密码组件的安全防护性能进行比较，如表2-4所示。

表2-4　　　　　　　　硬件密码组件与软件密码组件的安全防护性能比较

安全防护比较	硬件密码组件	软件密码组件
完整性保护	满足	不可控
对操作系统的依赖性	不依赖	依赖
能量分析攻击防护	有针对性防护	无防护
逆向工程攻击防护	攻击代价高	容易实现攻击
随机数安全性	有针对性防护	无防护
物理攻击防护	有针对性防护	无防护

专用安全芯片的安全防护从芯片设计的源头出发，从密码算法的安全、CPU的安全、数据存储的安全、环境检测传感器网络、随机数发生器安全和版图安全等，对芯片进行全方位保护。

（1）密码算法安全。

由于芯片密码算法在输入信息和密钥进行处理的过程中会泄漏一些信息，如功耗、时间、电磁辐射及差错信息等，攻击者利用这些信息与电路内数据之间的相关性，推断获取芯片内密码系统的密钥，从而对信息安全产品构成严重的威胁。针对上述攻击手段，一般采用隐藏技术和掩码技术来消除芯片泄露信息和所执行的操作及所处理的数据之间的依赖联系。

（2）CPU运行安全。

CPU是安全芯片的核心处理单元，当芯片上电后，CPU从存储器中取值后执行，然后通过总线将指令传达给各个模块。CPU控制整个程序的执行，其安全防护技术主要包含如下措施：

1）能耗均衡技术：CPU使用的所有机器指令具有基本相同的能量损耗。

2）平顺跳转时序技术：通过插入伪操作的方式掩盖真实的跳转指令。

3）乱序跳转插入技术：根据输入的随机数随机地执行指令序列。

4）关键寄存器的校验保护技术：对关键寄存器的数据提供校验机制，使得攻击者篡改关键寄存器数据的行为能被及时发现并报警处理。

（3）数据存储安全。

安全芯片存储数据的安全保护一般通过对各存储器中的数据进行访问权限控制和加密来实现。此外，芯片的工作模式分为用户模式、特权模式、应用模式，在不同的工作模式下，即便是存储器的同一个存储区的访问权限也有不同的限定。综上通过存储区域的划分和工作模式的限定，安全芯片中的普通数据和重要数据被有效地分离，各自接受不同程序的条件保护，极大地提高了逻辑安全的强度。

（4）环境监测传感网络。

为了防止攻击者对芯片进行扰乱攻击和故障攻击（例如通过给正在工作的安全芯片注入电压毛刺、时钟毛刺、激光等改变芯片运行程序的流程）从而窃取芯片密钥等关键数据等，安全芯片对芯片的工作电压、注入毛刺、时钟频率、外部温度和光照等环境变量进行实时监测。在芯片遭受解剖、某种物理攻击或者工作环境不够理想时，输出报警信息，预警复位芯片，有效防止故障注入攻击、侧信道攻击等，保护芯片内部存储的敏感数据。

综上所述，安全芯片在设计之初，就引入了大量的防护技术，这是安全芯片与软件实现安全算法的根本区别。

（二）PDZ920 硬加密操作步骤

（1）将【串口 0 规约号】设为"对上 _ 平衡式 IEC101"，【遥控加密标志】设为 2，重启装置，如图 2-117 所示。

串口 0 规约号	对上_平衡式 IEC101
串口 1 规约号	对上_平衡式 IEC101
串口 2 规约号	无效
串口 3 规约号	无效
GPRS 规约号	0
遥控加密标志	2

图 2-117 硬加密装置参数配置

（2）将 CPU 板的跳线改为 232 跳线方式，使用串口 0 连接维护软件。

（3）插上测试 Ukey，打开【配电终端证书管理工具】，输入 PIN 码"123456"，单击【确认】，即可打开软件主界面窗口，如图 2-118 所示。

（4）端口配置中【端口号】根据设备管理器中查询结果选择，将【波特率】设为 9600，将【校验位】改为 None，【数据位】设为 8，【停止位】设为 One，如图 2-119 所示。

图 2-118 配电终端证书管理工具主界面

图 2-119 端口配置

（5）在主窗口，单击【选项】，选择【基础信息维护】，打开基础信息维护界面，选择【行政区域】和【地市公司】，如图 2-120 所示。

（6）在主窗口，单击【文件】选择【打开端口】，打开端口之后，在主窗口界面上【终端身份认证】【终端信息管理】【应用证书导入】【终端初始证书回写】变为可选状态，【应用证书导入】【终端初始证书回写】不需要身份认证也可选。

（7）在主窗口单击【终端身份认证】，打开终端身份认证窗口，单击【认证】即可进行身份认证。认证成功后【终端信息采集】【终端证书导入导出】【恢复终端对称密钥】变成可选状态。

（8）在主窗口单击【终端信息采集】按钮，打开终端信息采集窗口，选择相应的【网省

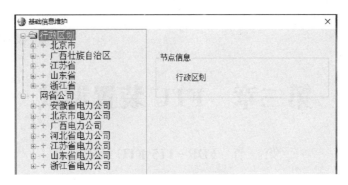

图 2-120 基础信息维护

公司】和【省市信息】；单击【读取终端基本信息】按钮，获取【终端序列号】【安全芯片序列号】和【安全芯片公钥】；输入【联系人】和【联系电话】等信息后，单击【保存】。

（9）在主窗口单击【终端信息管理】，打开终端信息管理窗口，指定查询条件后，单击【查询】，可查看已保存的终端证书请求文件信息，单击【导出】即可导出证书请求文件，如图 2-121 所示。

图 2-121 证书导出

注：配电终端证书管理工具读取的终端信息中设备 ID 号应与装置铭牌一致，如有不同应以铭牌为准进行更改，然后再次读取终端信息后导出证书文件。

第三章 FTU 装置调试

第一节 FDR-115 FTU 装置简介

珠海许继 FDR-115 智能馈线终端（以下简称馈线终端）集成高频零序模型识别法、电压－时限逻辑、自适应综合型逻辑，具备相间/接地故障检测、保护控制及通信等功能，适合安装于 10kV 架空配电线路变电站馈出线首端、主干线、大分支线、用户出线首端、分支线路末端。

一、装置硬件配置

（一）外观配置

FDR-115 馈线终端为罩式结构，主要由远方/就地转换开关、接地端子、SPS 接口、TA 接口、LS 接口、BATT 接口、COM 接口、RUN 灯、ALARM 灯等组成。装置结构说明及布局图如表 3-1 所示。

表 3-1   装置结构说明及布局图

序号	名称	说明	
1	转换开关	用于手动分合闸控制，馈线终端进入自动控制状态等操作	
2	接地端子	馈线终端接地端	
3	SPS 接口	电源、测量电压、零序电压输入接口	
4	TA 接口	电流输入接口	
5	LS 接口	控制、遥信接口	
6	BATT 接口	蓄电池接口	
7	COM 接口	标准 RJ45 接口，提供 DC24V 电源	
8	RUN 灯	绿色 LED 灯，用于指示馈线终端运行状态	
9	ALARM 灯	红色 LED 灯，用于指示馈线终端故障告警状态	

（二）设置面板配置

设置面板在检查盖下，面板布局由设置开关、控制操作按钮、合闸/分闸压板、电池投/退压板、RS-232 通信口、保护拨码、运行状态指示灯组成，如图 3-1 所示。

（三）航插接口定义

（1）电源航插（SPS 接口）定义见表 3-2。

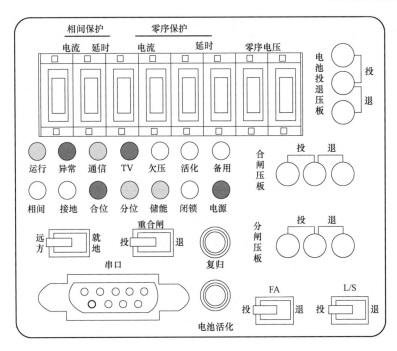

图3-1　设置面板

表3-2 电源航插（SPS接口）定义

引脚号	标记	标记说明	备注	图示
1	1TVa	AB线电压TV二次侧电压（对应A相）	电源	
2	2TVc	CB线电压TV二次侧电压（对应C相）	电源	
3	1TVb	AB线电压TV二次侧电压（对应B相）	电源	
4	2TVb	BC线电压TV二次侧电压（对应B相）	电源	
5	Uo	零序电压＋	保护	
6	Uon	零序电压－	保护	

（2）电流航插（TA接口）定义见表3-3。

表3-3 电流航插（TA接口）定义

引脚号	标记	标记说明	图示
1	Ia	A相电流	
2	Ib	B相电流	
3	Ic	C相电流	
4	In	相电流公共端	
5	I0	零序电流	
6	I0com	零序电流公共端	

（3）后备电源航插（BATT接口）定义见表3-4。

表 3-4　　　　　　　　　后备电源航插（BATT 接口）定义

引脚号	标记	标记说明	图示
1	空	空	
2	空	空	
3	空	空	
4	BATT+	后备电源正	
5	BATT−	后备电源负	

（4）控制、遥信航插（LS 接口）定义见表 3-5。

表 3-5　　　　　　　　　控制、遥信航插（LS 接口）定义

引脚号	标识	标识说明	图示
1	HW	合位	
2	FW	分位	
3	CN−	储能 CN−	
4	CN+	储能 CN+	
5	WCN	未储能位	
6	YXCOM	遥信公共端	
7	HZ−	合闸输出−	
8	HZ+	合闸输出+	
9	FZ−	分闸输出−	
10	FZ+	分闸输出+	

（5）电流航插接口（6 芯）、控制、遥信航插接口（10 芯）与开关侧航插（26 芯）连接定义如图 3-2 所示。

二、装置功能配置

（一）测量功能

（1）采用交流采样技术，采样元件采用精密电压、电流互感器，体积小、重量轻、精度高，可以测量两个线电压 Uab、Ucb 以及零序电压 U0；三相电流 Ia、Ib、Ic 以及零序电流 I0。

（2）可计算并向远方发送有功功率、无功功率以及功率因数。

（3）具备线损测量功能。

（二）状态检测功能

可监测开关位置状态、储能信号状态、电池欠压状态、交流电源状态、手柄状态、闭锁状态等。

六芯插头			二十六芯插头	
1		A相电流Ia	7	
2		B相电流Ib	8	
3		C相电流Ic	9	
4		相电流公共端GND	10	
5		零序电流I0	11	
6		零序电流公共端GND	12	

十芯插头				
1		合位信号	20	
2		分位信号	21	
3		储能负	1	
4		储能正	2	
5		未储能信号	22	
6		信号公共端	19	
7		合闸负	3	
8		合闸正	4	
9		分闸负	5	
10		分闸正	6	

图3-2 电流航插接口、控制、遥信航插接口与开关侧航插连接定义

（三）控制功能

通过终端单元面板上的控制手柄或者远方遥控命令，可对开关本体进行分闸或合闸操作。

（四）保护功能

装置具备零序保护、相间过流保护、三相二次重合闸功能。

（五）馈线自动化功能

终端可以根据应用场景单独设置为选线、分段、联络、集中，以及分界开关五种保护模式组合。

（六）数据通信功能

（1）具备GPRS无线通信功能，以及RJ45以太网通信。

（2）串口使用101规约，平衡式和非平衡式可配置；具备遥信、遥测、遥控功能。

（3）具备2路RJ45以太网接口，使用104规约，具备遥信、遥测、遥控功能。内置参数至少支持10个。

（七）其他功能

装置同时具备故障指示功能、运行指示功能、自检功能、定值修改及维护功能、历史数据循环存储功能、故障录波功能、加密安全防护功能。

▶ 第二节 调试前检查

一、资料检查

在正式开始 FTU 调试前，应检查以下资料是否齐全：

（1）装置竣工图、厂家技术说明书。

（2）配电自动化终端（FTU）"三遥"联调信息点表。

（3）作业指导书、定值单和其他现场作业文件资料。

二、工器具检查

在正式开始 FTU 调试前，应检查以下工器具是否齐全：

万用表、钳形电流表、绝缘电阻表、螺丝刀或组合工具、尖嘴钳、斜口钳、剥线钳、调试网线、照明设备、串口转 USB 线、低压电源插线板/线盘等。

三、仪器设备检查

在正式开始 FTU 调试前，应检查以下仪器设备是否齐全：

（1）继电保护测试仪，配套电源线，电压、电流、信号、接地试验线，继电保护测试仪器上电自检正常。

（2）调试用电脑，配套鼠标、电源适配器等，电脑开机正常，维护软件正常。

（3）测试 Ukey。

四、外观检查记录

（1）检查并记录开关一次设备的初始状态，如开关位置、弹簧储能状态。

（2）检查 FTU 装置与开关之间的航插接口是否紧密连接。

（3）检查 FTU 装置、开关本体与地网之间的接地是否紧密连接。

（4）检查并记录 FTU 设备电源空气开关、分合闸出口压板、"远方/就地"状态切换开关、"FA"设置开关、"L/S"设置开关、电池投/退压板的初始状态。

（5）检查 FTU 标识牌、标签纸是否正确悬挂和张贴，并记录铭牌标识信息。

五、调试风险识别及防范措施

（一）风险识别

（1）使用继电保护测试仪时，未将其外壳接地。

（2）使用继电保护测试仪输出模拟量时，人体误碰电压电流回路导线裸露部分。

（3）外接测试或电源电压时，二次侧向一次侧反送电。

（4）进行遥测加量试验时，TA 二次回路开路、TV 二次回路短路。

（5）万用表使用电阻挡进行电压测量。

（6）调试过程中，踩踏试验线，电流、电压、信号试验线混用。

（二）防范措施

（1）继电保护测试仪开机前做好设备接地。

（2）使用继电保护测试仪时，人体与电压电流输出回路保持一定的安全距离，严禁直接触碰。

（3）电流二次回路加量前，需打开电流端子中间连片（实操场地采用工装端子连接），并检查无开路后方可加量。

（4）电压二次回路通电试验时，应有防止二次侧向一次侧反送电的安全措施。应打开电压输入空气开关，并检查无短路后方可通电试验。

（5）使用万用表前，应确认万用表当前挡位。

（6）调试接线过程中，合理排布试验线，避免踩踏试验线。正确使用电流、电压、信号试验线，禁止混用。

第三节　维护软件连接

一、维护软件概述

许继 FA-1080 配电终端测控软件可用于 FDR-115 配电终端装置的调试，软件具有通信、在线维护配置、在线数据采集、实时数据分析、历史数据读取、数据曲线、远程升级及工程安装维护等功能。操作主界面如图 3-3 所示。

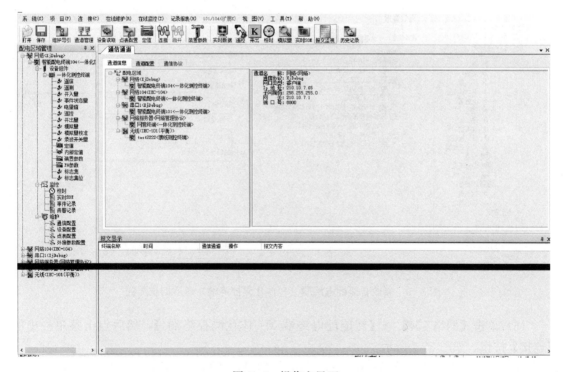

图 3-3　操作主界面

二、维护软件连接配置

（1）FDR-115 装置通信接口有两个网口，分别为 NET1 和 NET2，NET1 网口地址出厂默认为 192.168.1.101，NET2 网口地址默认为 192.168.2.101，现场调试按实际 IP 设置。使用 NET1 网口连接调试电脑，修改维护电脑 IP 地址为：192.168.1.100（确保与 NET1 网口 IP 地址同一网段即可），子网掩码：255.255.255.0，如图 3-4 设置完毕后，使用 PING 命令确认网络连接正常。

（2）双击许继 FA_1080 软件图标，打开测试软件。

（3）【用户名称】选择"维护人员"，输入【用户密码】"zhxj0756"，即可打开维护软件。登录界面如图 3-5 所示。

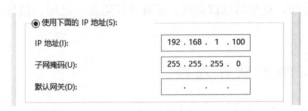

图 3-4　调试电脑 IP 设置　　　　　　　　　图 3-5　登录界面

（4）双击【通道信息】中【网络 104】下的【智能配电终端（一体化测控终端）】，然后图中标注修改【通信地址】为 1，【IP 地址】为 192.168.1.101，【端口号】为 2404，点击【确定】，如图 3-6 所示。

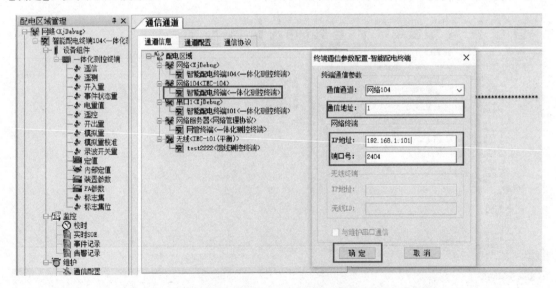

图 3-6　修改智能配电终端（一体化测控终端）通道信息配置

（5）单击【网络 104】→【智能配电终端（一体化测控终端）】，然后点击菜单栏中的【连接】按钮，如图 3-7 所示。

（6）单击【连接】→【维护端口】，单击【打开】，如图 3-8 所示。

（7）双击【智能配电终端 104（一体化测控终端）】，然后按图上标注修改【通信地址】为 1，【IP 地址】为 192.168.1.101，【端口号】为 8005，点击【确定】。如图 3-9 所示。

（8）单击【智能配电终端 104（一体化测控终端）】，然后点击菜单栏中的【连接】，即可实现装置连接。如图 3-10 所示。

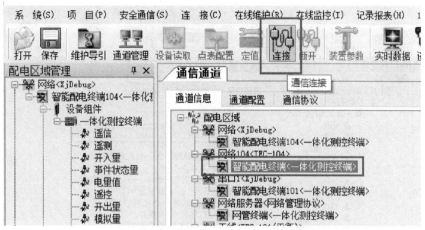

图 3-7 连接智能配电终端（一体化测控终端）

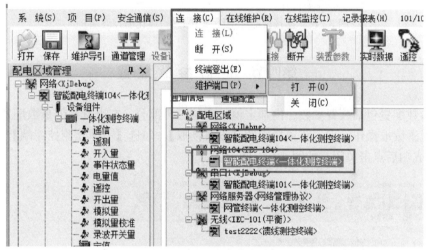

图 3-8 打开维护端口

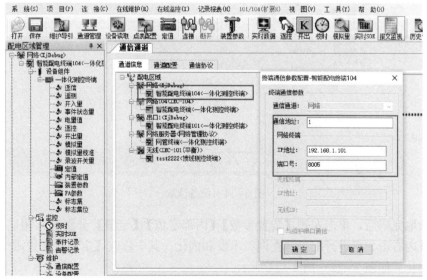

图 3-9 修改智能配电终端 104（一体化测控终端）通道配置

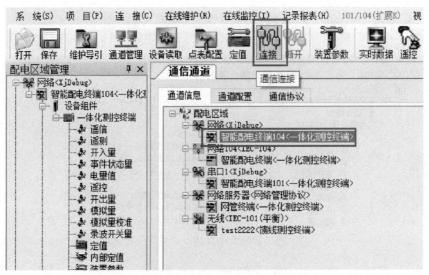

图 3-10　连接智能配电终端 104（一体化测控终端）

▶ 第四节　定值参数配置

　　定值参数配置包括装置参数、内部定值、定值三个部分，在查看定值参数配置之前，先进行设备配置读取操作。点击菜单栏中的【设备读取】，勾选【一体化测控终端】，点击【读取】，读取成功后点击关闭，如图 3-11 所示。

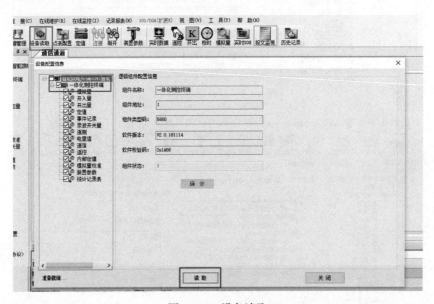

图 3-11　设备读取

　　设备读取完毕后，单击左侧【装置参数】【内部定值】【定值】分别进入相应配置界面。在显示区域内右击，可进行配置的查询、下发和固化。其中修改【定值】配置需要在下发完成后进行固化。如图 3-12～图 3-14 所示。

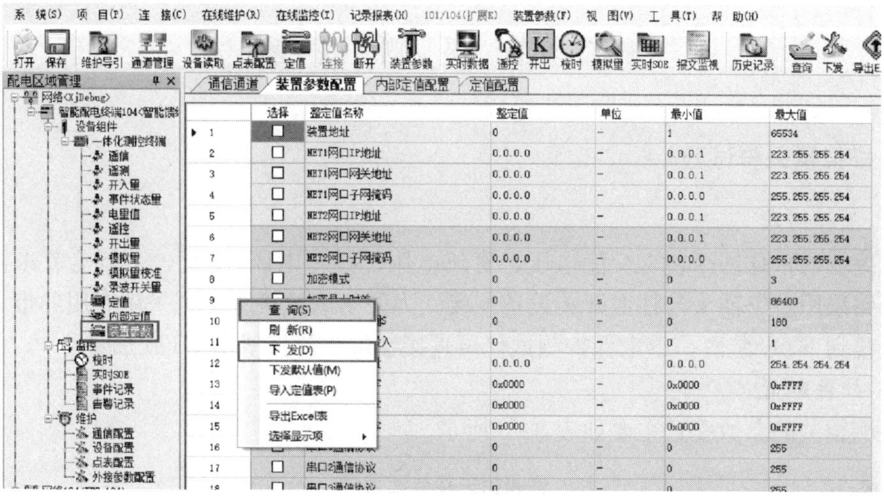

图 3-12 装置参数查询、下装

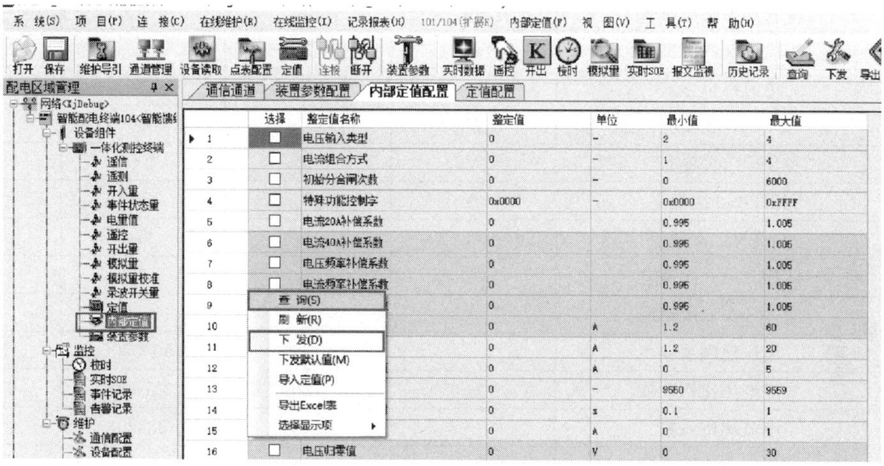

图 3-13 内部定值查询、下发

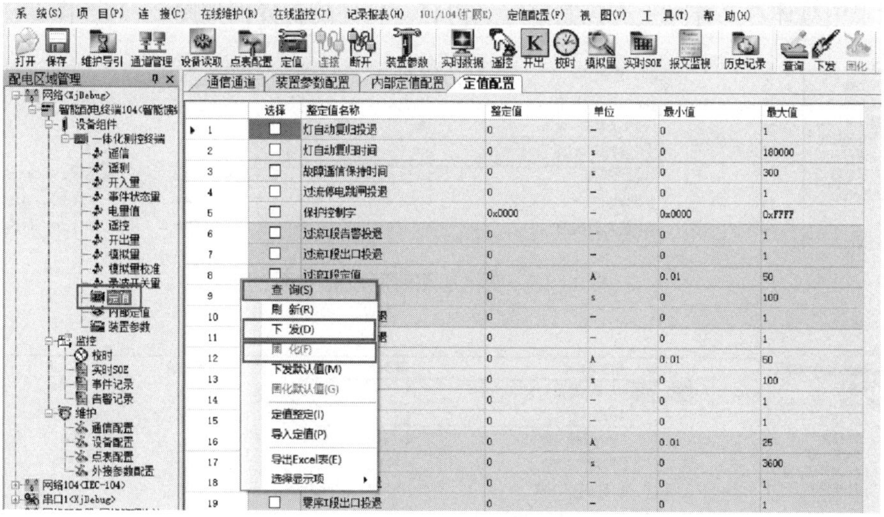

图 3-14 定值查询、下发、固化

第五节 遥 测 试 验

一、模拟量采样试验

(一)采样回路

馈线终端的采样回路包含交流电压、直流电压、零序电压/电流、交流电流采样。模拟量采样回路采用航空插头与柱上开关设备连接。为便于调试接线,可采用专用的带工装端子排电缆连接到 FTU 装置,继电保护测试仪可直接在端子排接线给 FTU 加量。

(二)软件配置

与遥测相关的参数配置主要如表 3-6 所示。

表 3-6 遥测相关参数配置表

序号	参数	单位	最小值	最大值	默认值
1	变化遥测延时时间	ms	100	60000	800
2	电压输入类型	—	2	4	4
3	电流组合方式	—	1	4	4
4	TV 一次额定	V	3000	30000	10000
5	TV 二次额定	V	0	400	100
6	相 TA 一次额定	A	1	2000	600
7	相 TA 二次额定	A	1	5	1
8	零序 TA 一次额定	A	1	500	20
9	零序 TA 二次额定	A	1	5	1
10	电压比例系数	—	128	500000	319808
11	零序电压比例系数	—	128	337920	387250
12	电流比例系数	—	128	35840	3660
13	零序电流比例系数	—	128	35840	3660

配置表中具体意义详见上文控制字定义内容。软件配置界面如图 3-15~图 3-17 所示。

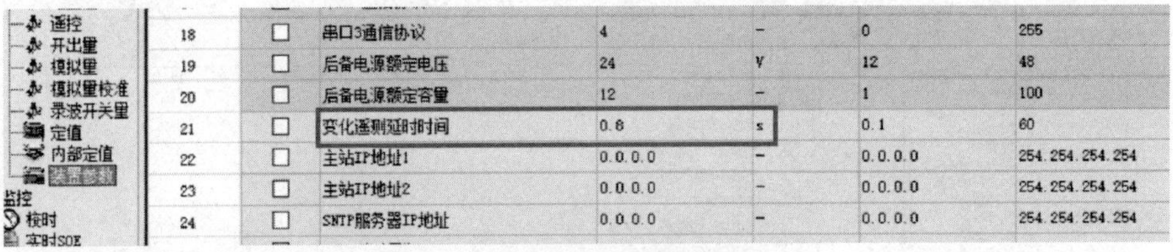

图 3-15 变化遥测时间设置界面

图 3-16 电压电流组合方式设置界面

	39	☐	电池自动活化周期	90			1	360
	40	☐	电池自动活化时刻	0			0	23
	41	☐	相TA一次额定	600	A		1	2000
	42	☐	相TA二次额定	1	A		1	5
	43	☐	零序TA一次额定	20	A		1	500
	44	☐	零序TA二次额定	1	A		1	5
	45	☐	电压比例系数	387250			128	500000
	46	☐	零序电压比例系数	319808			128	337920
	47	☐	电流比例系数	3660			128	35840
	48	☐	零序电流比例系数	3660			128	35840
	49	☐	EVT电压死区	0.01			0	1

图3-17　一二次额定值设置界面

（三）试验接线

试验接线前，应检查相关技术资料是否齐全、是否完好；检查万用表、继电保护测试仪正常，工器具是否完好齐备。试验人员应戴好安全帽、勒紧帽带；穿工作服扣齐衣、袖扣，穿绝缘鞋，系紧鞋带。

1．电压回路测试

电压回路的接线可根据 TV 实际接线方式选择星形接线或 V-V 接线，本节以 V-V 接线为例进行说明。电压回路端子排接线如图3-18所示：电压试验线分别接 1TVa、2TVc、1TVb（与 2TVb 短接），即对应 Ua、Uc、Un。继电保护测试仪电压试验线分别接 Ua、Un、Uc。电压回路试验前，注意将终端与运行电源电压断开。

2．电流回路

电流回路接线如图3-19所示，电流试验线分别对应 Ia、Ib、Ic、Icom。

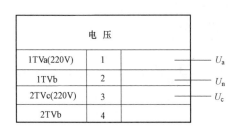

图3-18　电压回路接线　　　　图3-19　电流回路接线

3．外接零序电压

FDR-115/FBT-B106（A）馈线终端提供外接零序电压采样通道，零序电压回路端子排接线如图3-20所示：电压试验线分别接 U0＋、U0－。继电保护测试仪电压试验线分别接 Ua、Un。

4．外接零序电流

FDR-115/FBT-B106（A）馈线终端提供外接零序电流采样通道，零序电流回路端子排接线如图3-21所示：电流试验线分别接 I0、I0com。继电保护测试仪电流试验线分别接 Ia、In。

电 流		
I0com	1	
I0	2	
Ia	3	
Ib	4	
Ic	5	
Icom	6	
U0-	7	U_n
U0+	8	U_a

图 3-20　零序电压回路接线

电 流		
I0com	1	I_n
I0	2	I_a
Ia	3	
Ib	4	
Ic	5	
Icom	6	
U0-	7	
U0+	8	

图 3-21　零序电流回路接线

（四）继电保护测试仪加量测试

按照"（三）试验接线"中的方法连接好测试仪与开关、开关与 FTU 之间的连线，确保连接可靠接触。继电保护测试仪加量测试前，应做好如下安全措施：

（1）电压二次回路通电试验，电压回路接线时，做好电压回路的安全措施，注意将一次侧电源电压断开，防止二次侧向一次侧反送电。

（2）断开连接电缆后，电流二次回路试验前，确认现场 TA 无开路。

（3）继电保护测试仪外壳做好接地后通电开机。

（4）测量电压时，正确应用挡位，防止错用电阻挡，造成设备损坏。

（5）使用钳形电流表不得随意挂套在二次线上。

（6）调试过程中，不应出现踩踏试验线，电流、电压试验线混用等问题。

安全措施准备完毕后，用调试计算机连接 FTU，终端通信连接成功后进入图 3-22 所示的【遥测】界面。继电保护测试仪可以按检验要求加量测试。如图 3-23 所示，右击选择【自动读取】，可查看遥测显示量是否正确，要求误差值不大于 0.5%。

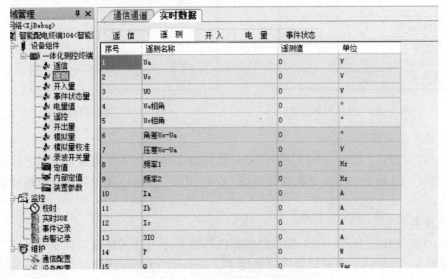

图 3-22　终端遥测值查看界面

图 3-23 终端遥测值读取界面

遥测试验中，需要对 FTU 电压、电流、有功、无功、功率因数等采样功能进行测试，通常按照如下步骤进行：

（1）电压采样测试：通过继电保护测试仪输出电压量，分别施加 60%Un、80%Un、100%Un、120%Un 电压量，V-V 接线可以将继电保护测试仪 Ua、Uc 输出线电压值。核对继电保护测试仪输出量与调试软件【遥测】中显示的采样值是否相同，完成电压遥测试验并做好记录。

调试软件中 Ua、Uc 读取值如图 3-24 所示。

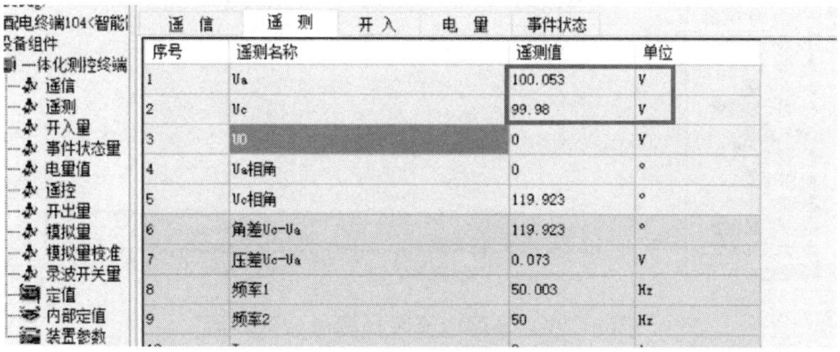

图 3-24 电压采样测试软件界面

（2）零序电压采样测试：通过继电保护测试仪输出单相电压，分别施加 60%Un、80%Un、100%Un、120%Un 电压量（Un 为额定电压），设定继电保护测试仪输出电压 100V，核对输出量与图 3-25 中调试软件【遥测】中"U0"显示的采样值是否相同，完成零序电压遥测试验并做好记录。

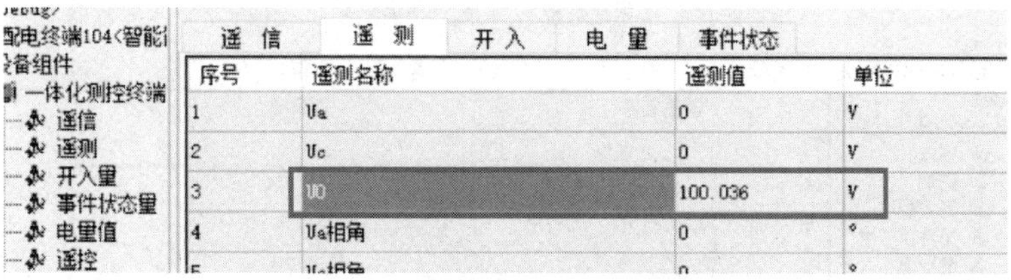

图 3-25 零序电压采样测试软件界面

（3）相电流采样测试：通过继电保护测试仪输出三相电流量，分别施加 50%In、100%

In、120％In 电流量（In 为 TA 额定电流），核对输出电流量与图 3-26 中调试软件【遥测】中显示的 A、B、C 三相电流采样值是否相同，完成 A、B、C 三相电流遥测精度试验并做好记录。

图 3-26　电流采样测试软件界面

（4）零序电流采样测试：通过继电保护测试仪输出单相电流，分别施加 50％In、100％In、120％In 零序电流量，核对继电保护测试仪输出电流与图 3-27 中调试软件【遥测】中显示的"I0"电流采样值是否相同，完成零序电流遥测试验并做好记录。

图 3-27　零序电流采样测试软件界面

（5）有功、无功、功率因数测试：模拟正常运行，通过继电保护测试仪输出三相正序电流，两个线电压。设定 Uab＝Ubc＝100V，Ia＝Ib＝Ic＝1A，相电压超前相电流 30°，三相对称，按公式 $P=\sqrt{3}U_{\phi\phi}I_\phi COS\phi$，$Q=\sqrt{3}U_{\phi\phi}I_\phi SIN\phi$，$\phi$ 为负荷角，核对计算值与图 3-28 中调试软件【遥测】中显示的"P""Q""COS"的采样值是否正确，完成有功、无功、功率因数试验并做好记录。

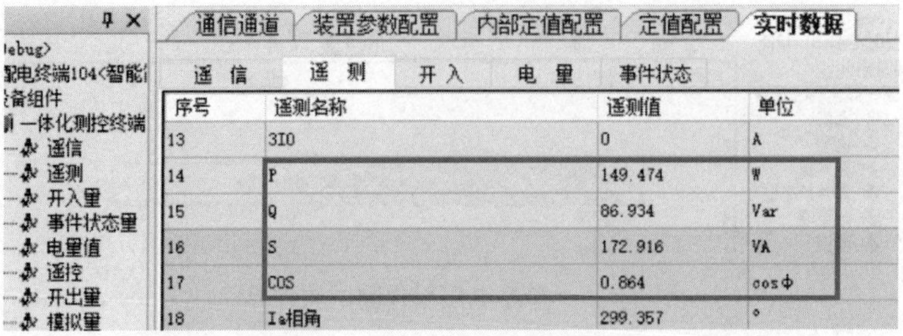

图 3-28　有功、无功、功率因数采样测试软件界面

（6）直流采样测试：用万用表直流挡量取实际蓄电池电压，与图 3 - 29 中调试软件【遥测】"中【电池电压】中显示采样值是否相同，完成直流量采样试验并做好记录。

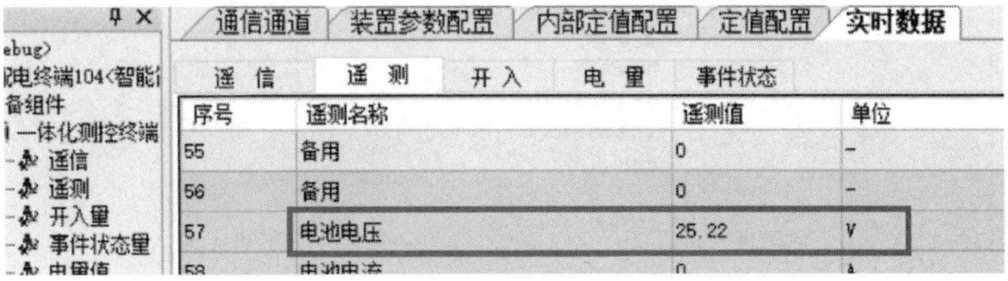

图 3 - 29　直流采样测试软件界面

FTU 中遥测系数配置方法具体配置方法详见第四章。

遥测功能是 FTU 装置的基本功能，是 FTU 装置实现过流保护、零序保护、FA 等功能的基础，因此必须保证 FTU 装置遥测的准确性。现场调试遥测功能时会遇到很多问题，比如电压缺相、电流分流、采样功率与实际不符等，常见问题及解决办法详见第五章。

二、精度校验

模拟量采样精度需要满足幅值 0.5%，相位 3°的误差要求，当采样精度不满足要求时，需要进行模拟量标准值校验。与精度校验相关的配置参数如表 3 - 7 所示。

表 3 - 7　　　　　　　　　　　　精度校验参数配置表

序号	精度校准参数	单位	最小值	最大值	默认值
1	TV 一次额定	V	3000	30000	10000
2	TV 二次额定	V	0	400	100
3	相 TA 一次额定	A	1	2000	600
4	相 TA 二次额定	A	1	5	1
5	零序 TA 一次额定	A	1	500	20
6	零序 TA 二次额定	A	1	5	1

精度检验方法如下：

（1）将【内部定值】中【TV 二次额定】值 220 改为 100。

（2）对电压电流的幅值和相位进行设定：

Ua＝100V 相位＝0°　　频率＝50Hz　Ia＝1A　相位＝－30°

Ub＝0V 相位＝－120°　频率＝50Hz　Ib＝1A　相位＝－150°

Uc＝100V 相位＝120°　频率＝50Hz　Ic＝1A　相位＝90°

（3）在【模拟量校准】界面右键选择【读取通道系数】，查看 Uab、Ucb、Ia、Ib、Ic 的增益系数值不为 1，总功率（两表法）增益系数不为 1，角度系数不为 0，如图 3 - 30 所示。

（4）继电保护测试仪输出模拟量，在调试软件【模拟量校准】界面右键选择【通道自校】，终端将进行自动校准，如图 3 - 31 所示。

（5）完成后将【内部定值】中【TV 二次额定】值恢复为 220。

图 3-30　通道系数读取界面

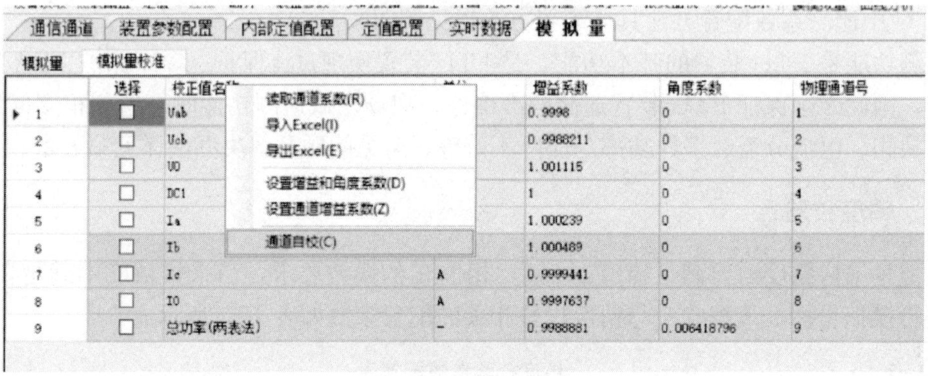

图 3-31　精度校验界面

三、零漂、死区试验

本书中遥测死区与零漂测试均指终端对上（模拟主站）值。调试软件中与零漂及死区相关的参数如图 3-32 所示。

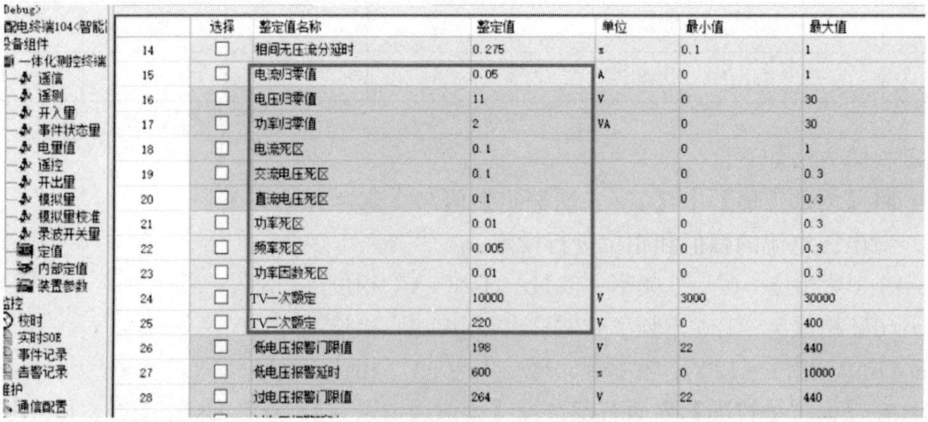

图 3-32　零漂及死区参数设置界面

（一）死区试验

死区试验包括【交流电压死区】【电流死区】【直流电压死区】【功率死区】【频率死区】

【功率因数死区】等，与死区试验相关的参数如表3-8所示。

表3-8 死区参数表

序号	参数	单位	最小值	最大值	默认值
1	电流死区	—	0	1	0.01
2	交流电压死区	—	0	0.3	0.01
3	直流电压死区	—	0	0.3	0.01
4	功率死区	—	0	0.3	0.01
5	频率死区	—	0	0.3	0.005
6	功率因数死区	—	0	0.3	0.01
7	TV二次额定	V	0	400	100
8	相TA二次额定	A	1	5	1

以交流电压死区、电流死区、频率死区为例，进行死区试验讲解。

1. 电流死区

设置输入遥测电流最小变化识别值，电流从一个值变化到另一个值时变化的量小于电流死区值时，装置将不上送变化后的值，保持原值；当遥测电流变化值大于此值时上送当前电流遥测值。电流死区阈值（Ia、Ib、Ic、I0）＝相TA二次额定值×电流死区，默认相TA二次额定值为1A。例如电流变化要求大于0.5A上送，变化值小于0.5A不上送，则试验方法如下：

（1）设定【电流死区】＝0.5/1＝0.5，软件设置界面如图3-33所示。

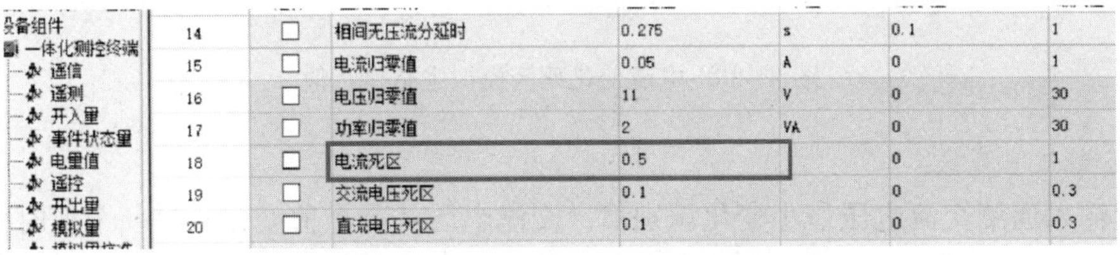

图3-33 电流死区参数设置界面

（2）使用继电保护测试仪的【死区测试】功能模块或【通用测试】模块，设定电流初始值为1A，分别测定0.95倍与1.05倍的死区变化值，查看电流遥测值是否上送。首先测定1.05倍变化值（即0.525A），继电保护测试仪初始输出状态：设定Ia输出值1A，幅值步长0.525A。

如图3-34所示，此时模拟主站中Ia显示值为1A。

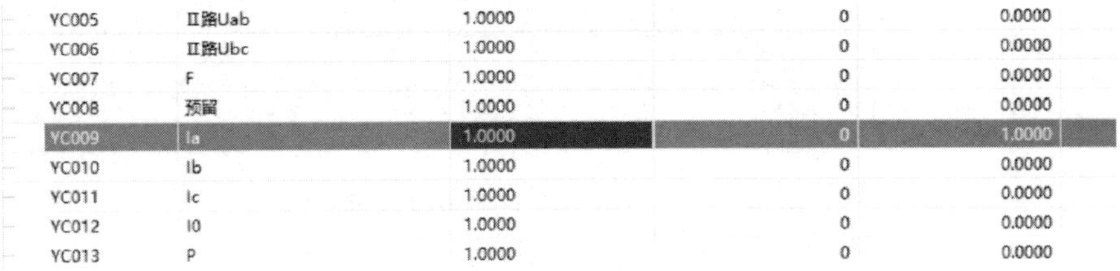

图3-34 电流变化死区模拟主站显示值

（3）点击继电保护测试仪中的【递增】键，使电流按步长递增为 1.525A。此时，电流变化值应上送，如图 3-35 所示，模拟主站显示电流变化后的值，即 1.525A。

	YC004	预留	1.0000	0	0.0000
	YC005	Ⅱ路Uab	1.0000	0	0.0000
	YC006	Ⅱ路Ubc	1.0000	0	0.0000
	YC007	F	1.0000	0	0.0000
	YC008	预留	1.0000	0	0.0000
	YC009	Ia	1.0000	0	1.5248
	YC010	Ib	1.0000	0	0.0000
	YC011	Ic	1.0000	0	0.0000
	YC012	I0	1.0000	0	0.0000
	YC013	P	1.0000	0	0.0000

图 3-35　电流变化死区模拟主站显示值

（4）测定 0.95 倍变化值（即 0.475），继电保护测试仪初始输出状态：设定 Ia 输出值 1A，幅值步长 0.475A。此时模拟主站中 Ia 显示值应为 1A。

（5）点击继电保护测试仪中的【递增】键，使电流按步长递增为 1.475A。

此时，电流变化值不应上送，如图 3-36 所示，模拟主站应仍然显示电流变化前的值，即 1A。

	YC004	预留	1.0000	0	0.0000
	YC005	Ⅱ路Uab	1.0000	0	0.0000
	YC006	Ⅱ路Ubc	1.0000	0	0.0000
	YC007	F	1.0000	0	0.0000
	YC008	预留	1.0000	0	0.0000
	YC009	Ia	1.0000	0	1.0000
	YC010	Ib	1.0000	0	0.0000
	YC011	Ic	1.0000	0	0.0000
	YC012	I0	1.0000	0	0.0000
	YC013	P	1.0000	0	0.0000

图 3-36　电流变化死区模拟主站显示值

2. 交流电压死区

设置输入遥测交流电压最小变化识别值。交流电压从一个值变化到另一个值时变化的量小于交流电压死区值时，装置将不上送变化后的值，保持原值；当交流电压变化值大于此值时上送当前交流电压值。交流电压死区阈值（Ua、Uc）＝TV 二次额定值×交流电压死区。例如电压变化要求大于 1V 上送，则试验方法如下：

（1）设定【TV 二次额定值】为 100，则【交流电压死区】设定值＝1/100＝0.01，软件设置界面如图 3-37 所示。

		选择	整定值名称	整定值	单位	最小值	最大值
配电终端104《智配设备组件	17	☐	功率归零值	2	VA	0	30
一体化测控终端	18	☐	电流死区	0.5		0	1
遥信	*19	☐	交流电压死区	0.01		0	0.3
遥测	20	☐	直流电压死区	0.1		0	0.3
开入量	21	☐	功率死区	0.01		0	0.3
事件状态量	22	☐	频率死区	0.005		0	0.3
电量值	23	☐	功率因数死区	0.01		0	0.3
遥控							
开出量							
模拟量							

图 3-37　交流电压死区参数设置界面

（2）使用继电保护测试仪的【死区测试】功能模块，设定电压初始值为 100V，分别测定 0.95 倍与 1.05 倍的死区变化值，查看电压遥测值是否上送。首先测定 1.05 倍变化值（即 1.05V），继电保护测试仪初始输出状态：设定 Uab 输出值 100V，幅值步长 1.05V。

如图 3-38 所示，此时模拟主站中 Uab 显示值为 100V。

遥测量				
—	YC000	预留	1.0000	0	0.0000
—	YC001	Ⅰ路Uab	1.0000	0	100.0417
—	YC002	Ⅰ路Ubc	1.0000	0	0.0000
—	YC003	蓄电池电压1	1.0000	0	25.2369
—	YC004	预留	1.0000	0	0.0000
—	YC005	Ⅱ路Uab	1.0000	0	0.0000
—	YC006	Ⅱ路Ubc	1.0000	0	0.0000
—	YC007	F	1.0000	0	50.0001
—	YC008	预留	1.0000	0	0.0000

图 3-38　电压变化死区模拟主站显示值

（3）点击继电保护测试仪中的【递增】键，使电压按步长递增为 101.05V。

此时，电压变化值应上送，如图 3-39 所示，模拟主站显示电流变化后的值，即 101.0751V，显示符合精度要求。

遥测量				
—	YC000	预留	1.0000	0	0.0000
—	YC001	Ⅰ路Uab	1.0000	0	101.0751
—	YC002	Ⅰ路Ubc	1.0000	0	0.0000
—	YC003	蓄电池电压1	1.0000	0	25.2369
—	YC004	预留	1.0000	0	0.0000
—	YC005	Ⅱ路Uab	1.0000	0	0.0000
—	YC006	Ⅱ路Ubc	1.0000	0	0.0000
—	YC007	F	1.0000	0	50.0011

图 3-39　电压变化死区模拟主站显示值

（4）测定 0.95 倍变化值（即 0.95V），继电保护测试仪初始输出状态：设定 Uab 输出值 100V，幅值步长 0.95V，此时模拟主站中 Uab 显示值为 100V。

（5）点击继电保护测试仪中的【递增】键，使电压按步长递增为 100.95V。

此时，电压变化值不应上送，如图 3-40 所示，模拟主站应仍然显示电压变化前的值，即 100.0417V。

遥测量				
—	YC000	预留	1.0000	0	0.0000
—	YC001	Ⅰ路Uab	1.0000	0	100.0417
—	YC002	Ⅰ路Ubc	1.0000	0	0.0000
—	YC003	蓄电池电压1	1.0000	0	25.2369
—	YC004	预留	1.0000	0	0.0000
—	YC005	Ⅱ路Uab	1.0000	0	0.0000
—	YC006	Ⅱ路Ubc	1.0000	0	0.0000
—	YC007	F	1.0000	0	50.0001
—	YC008	预留	1.0000	0	0.0000

图 3-40　电压变化死区模拟主站显示值

3. 频率死区

设置输入遥测频率变化最小变化识别值，频率从一个值变化到另一个值时变化的量小于频率死区值时，装置将不上送变化后的值，保持原有值；当频率变化值大于此值时上送当前频率值。频率死区阈值＝50×频率死区，例如频率变化要求大于 0.1Hz 上送，则试验方法如下：

（1）【频率死区】设定值＝0.1×100000/50＝0.002，软件设置界面如图 3-41 所示。

		选择	整定值名称	整定值	单位	最小值	最大值
	20	☐	直流电压死区	0.1		0	0.3
	21	☐	功率死区	0.01		0	0.3
	*22	☐	频率死区	0.002		0	0.3
	23	☐	功率因数死区	0.01		0	0.3
	24	☐	TV一次额定	10000	V	3000	30000
	25	☐	TV二次额定	220	V	0	400
	26	☐	低电压报警门限值	198	V	22	440
	27	☐	低电压报警延时	600	s	0	10000
	28	☐	过电压报警门限值	264	V	22	440

图 3-41　频率死区参数设置界面

（2）使用继电保护测试仪的【死区测试】功能模块，设定频率初始值为 50Hz，分别测定 0.95 倍与 1.05 倍的死区变化值，查看频率遥测值是否上送。首先测定 1.05 倍变化值（即 0.105Hz），继电保护测试仪初始输出状态：设定频率输出值 50Hz，幅值步长 0.105Hz。

如图 3-42 所示，此时模拟主站中频率显示值为 50Hz。

遥测量					
YC000	预留	1.0000		0	0.0000
YC001	I段压变Uab	1.0000		0	99.9963
YC002	I段压变Ubc	1.0000		0	0.0000
YC003	DTU蓄电池电压	1.0000		0	54.4242
YC004	预留	1.0000		0	0.0000
YC005	II段压变Uab	1.0000		0	0.0000
YC006	II段压变Ubc	1.0000		0	0.0000
YC007	F	1.0000		0	50.0110
YC008	预留	1.0000		0	0.0000
YC009	1间隔Ia	1.0000		0	0.0000
YC010	1间隔Ib	1.0000		0	0.0000

图 3-42　频率变化死区模拟主站显示值

（3）单击继电保护测试仪中的【递增】键，使频率按步长递增为 50.105Hz。

此时，频率变化值应上送，如图 3-43 所示，模拟主站显示频率变化后的值，即 50.105Hz。

遥测量					
YC000	预留	1.0000		0	0.0000
YC001	I段压变Uab	1.0000		0	99.9829
YC002	I段压变Ubc	1.0000		0	0.0000
YC003	DTU蓄电池电压	1.0000		0	54.4242
YC004	预留	1.0000		0	0.0000
YC005	II段压变Uab	1.0000		0	0.0000
YC006	II段压变Ubc	1.0000		0	0.0000
YC007	F	1.0000		0	50.1150
YC008	预留	1.0000		0	0.0000
YC009	1间隔Ia	1.0000		0	0.0000
YC010	1间隔Ib	1.0000		0	0.0000

图 3-43　频率变化死区模拟主站显示值

（4）测定 0.95 倍变化值（即 0.95Hz），继电保护测试仪初始输出状态：设定频率输出值 50Hz，幅值步长 0.095Hz，此时模拟主站中频率显示值为 50Hz。

（5）点击继电保护测试仪中的【递增】键，使电压按步长递增为 50.095Hz。

此时，频率变化值不应上送，如图 3-44 所示，模拟主站应仍然显示频率变化前的值，即 50Hz。

遥测量				
YC000	预留	1.0000	0	0.0000
YC001	Ⅰ段压变Uab	1.0000	0	99.9963
YC002	Ⅰ段压变Ubc	1.0000	0	0.0000
YC003	DTU蓄电池电压	1.0000	0	54.4242
YC004	预留	1.0000	0	0.0000
YC005	Ⅱ段压变Uab	1.0000	0	0.0000
YC006	Ⅱ段压变Ubc	1.0000	0	0.0000
YC007	F	1.0000	0	50.0110
YC008	预留	1.0000	0	0.0000
YC009	1间隔Ia	1.0000	0	0.0000
YC010	1间隔Ib	1.0000	0	0.0000

图 3-44 频率变化死区模拟主站显示值

另外，直流电压死区阈值＝后备电源额定电压×直流电压死区；U0 死区阈值（EVT 方式 U0）＝6.5×EVT 电压死区；功率死区阈值＝TV 二次额定×相 TA 二次额定×2×功率死区；功率因数死区阈值＝1×功率因数死区，试验方法同上，不再详细描述。

（二）零漂试验

零漂试验包括【电压零漂】【电流零漂】【功率零漂】等。零漂值在【内部定值】中设置，零漂参数如表 3-9 所示。

表 3-9　　　　　　　　　　　零 漂 参 数 表

序号	精度校准参数	单位	最小值	最大值	默认值
1	电流归零值	A	0	1	0.01
2	电压归零值	V	0	30	0.3
3	功率归零值	VA	0	30	2

1. 电压零漂值

电压零漂表示最小遥测电压上送值，输入遥测电压如果小于此值，遥测电压上送为 0，大于此值上送当前电压遥测值。例如现场要求电压遥测值大于 5V 上送实际遥测值，小于 5V 上送 0，试验方法如下：

（1）在调试软件【内部定值】中将【电压归零值】设定为 5V，如图 3-45 所示。

debug〉					通信通道	装置参数配置	内部定值配置	定值配置	实时数据	模拟量
lebug〉 配电终端104〈智能		选择	整定值名称	整定值	单位	最小值	最大值			
纟备组件	14	□	相间无压流分延时	0.275	s	0.1	1			
一体化测控终端	15	□	电流归零值	0.05	A	0	1			
遥信	*16	□	电压归零值	5	V	0	30			
遥测	17	□	功率归零值	2	VA	0	30			
开入量	18	□	电流死区	0.5		0	1			
事件状态量	*19	□	交流电压死区	0.01		0	0.3			
电量值	20	□	直流电压死区	0.1		0	0.3			
遥控	21	□	功率死区	0.01		0	0.3			
开出量										
模拟量										
模拟量校准										

图 3-45 电压零漂参数配置软件界面

（2）通过继电保护测试仪输出电压，施加 0.95 倍的零漂定值即 4.75V。

由于加量值小于零漂值，如图 3-46 所示，此时电压上送值应为 0V，模拟主站应显示 0V。

遥测量				
YC000	预留	1.0000	0	0.0000
YC001	Ⅰ路Uab	1.0000	0	0.0000
YC002	Ⅰ路Ubc	1.0000	0	0.0000
YC003	蓄电池电压1	1.0000	0	25.2430
YC004	预留	1.0000	0	0.0000

图 3-46　电压零漂模拟主站显示值

（3）通过继电保护测试仪输出电压，施加 1.05 倍的零漂定值即 5.25V。

由于加量值大于零漂值，如图 3-47 所示，此时电压上送值应为 5.25V，模拟主站应显示 5.25V。

遥测量				
YC000	预留	1.0000	0	0.0000
YC001	Ⅰ路Uab	1.0000	0	5.2414
YC002	Ⅰ路Ubc	1.0000	0	0.0000
YC003	蓄电池电压1	1.0000	0	25.2430
YC004	预留	1.0000	0	0.0000
YC005	Ⅱ路Uab	1.0000	0	0.0000
YC006	Ⅱ路Ubc	1.0000	0	0.0000

图 3-47　电压零漂模拟主站显示值

2. 电流零漂值

最小遥测电流上送值，遥测电流如果小于此值，遥测电流上送为 0，大于此值上送当前电流值。例如现场要求电压遥测值大于 0.3A 上送实际遥测值，小于 0.3A 上送 0，试验方法如下：

（1）在调试软件【内部定值】中将【电流归零值】设定为 0.3A，如图 3-48 所示。

		选择	整定值名称	整定值	单位	最小值	最大值
	12	☐	零序电流零漂阈值	0.005	A	0	5
	13	☐	网管系统端口号	9550	-	9550	9559
	14	☐	相间无压流分延时	0.275	s	0.1	1
	15	☐	电流归零值	0.3	A	0	1
	16	☐	电压归零值	5	V	0	30
	17	☐	功率归零值	2	VA	0	30
	18	☐	电流死区	0.5		0	1
	19	☐	交流电压死区	0.01		0	0.3
	20	☐	直流电压死区	0.1		0	0.3

图 3-48　电流零漂参数配置软件界面

（2）通过继电保护测试仪输出电流，施加 0.95 倍的零漂定值即 0.285A。

由于加量值小于零漂值，如图 3-49 所示，此时电流上送值应为 0A，模拟主站应显示 0A。

（3）通过继电保护测试仪输出电流，施加 1.05 倍的零漂定值即 0.3154A。

由于加量值大于零漂值，如图 3-50 所示，此时电流上送值应为 0.3154A，模拟主站应显示 0.3154A。

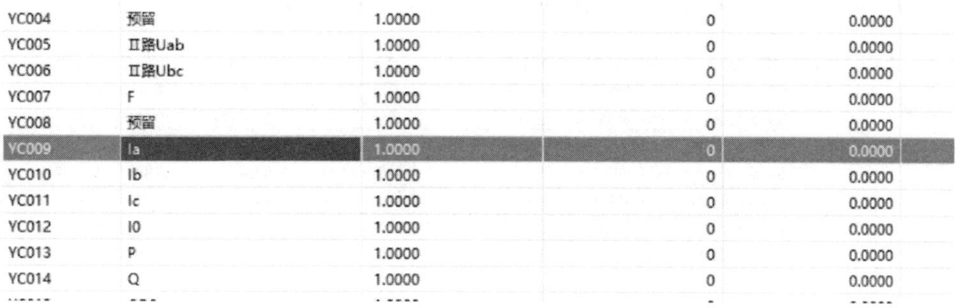

YC004	预留	1.0000	0	0.0000
YC005	Ⅱ路Uab	1.0000	0	0.0000
YC006	Ⅱ路Ubc	1.0000	0	0.0000
YC007	F	1.0000	0	0.0000
YC008	预留	1.0000	0	0.0000
YC009	Ia	1.0000	0	0.0000
YC010	Ib	1.0000	0	0.0000
YC011	Ic	1.0000	0	0.0000
YC012	I0	1.0000	0	0.0000
YC013	P	1.0000	0	0.0000
YC014	Q	1.0000	0	0.0000

图 3-49　电流零漂模拟主站显示值

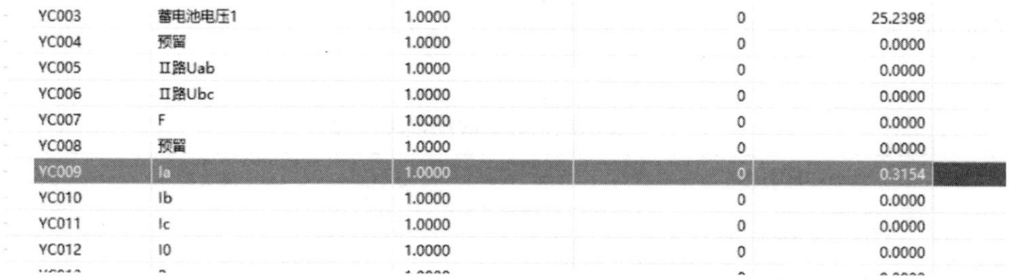

YC003	蓄电池电压1	1.0000	0	25.2398
YC004	预留	1.0000	0	0.0000
YC005	Ⅱ路Uab	1.0000	0	0.0000
YC006	Ⅱ路Ubc	1.0000	0	0.0000
YC007	F	1.0000	0	0.0000
YC008	预留	1.0000	0	0.0000
YC009	Ia	1.0000	0	0.3154
YC010	Ib	1.0000	0	0.0000
YC011	Ic	1.0000	0	0.0000
YC012	I0	1.0000	0	0.0000

图 3-50　电流零漂模拟主站显示值

直流零漂、功率零漂、频率零漂等试验方法同上。

四、遥测越限试验

遥测越限试验包括【低电压告警功能】【过电压告警功能】【重载告警功能】【过载告警功能】【有压鉴别功能】等。

（一）低电压告警功能

测试电压小于整定值并且大于整定延时时间，产生低电压告警事件。低电压的相关参数如表 3-10 所示。

表 3-10　　低电压相关参数配置表

序号	精度校准参数	单位	最小值	最大值	默认值
1	低电压报警门限值	V	22	440	198
2	低电压报警延时	s	0	10000	600

软件整定界面如图 3-51 所示。

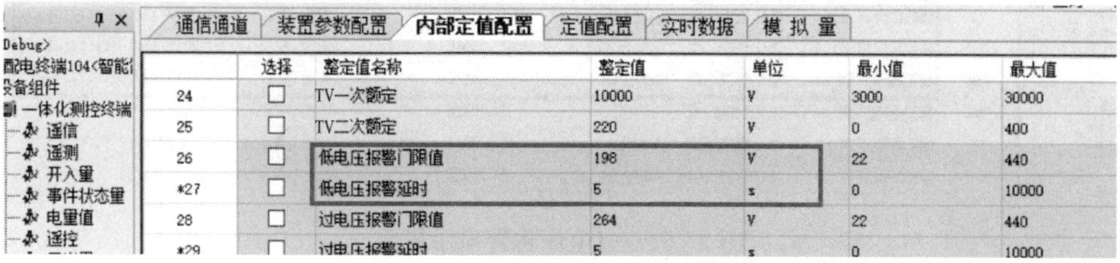

	选择	整定值名称	整定值	单位	最小值	最大值
24	□	TV一次额定	10000	V	3000	30000
25	□	TV二次额定	220	V	0	400
26	□	低电压报警门限值	198	V	22	440
*27	□	低电压报警延时	5	s	0	10000
28	□	过电压报警门限值	264	V	22	440
*29	□	过电压报警延时	5	s	0	10000

图 3-51　低电压参数配置界面

如图 3-52 所示，告警事件中会出现"Ua 越下限"、"Uc 越下限"。

图 3-52　低电压告警界面

（二）过电压告警功能

测试电压大于整定值并且大于整定延时间，产生过电压告警事件。过电压的相关参数如表 3-11 所示。

表 3-11　　　　　　　　　　　　过电压相关参数配置表

序号	精度校准参数	单位	最小值	最大值	默认值
1	过电压报警门限值	V	22	440	242
2	过电压报警延时	s	0	10000	600

软件整定界面如图 3-53 所示。

图 3-53　过电压软件设置界面

如图 3-54 所示，告警事件中会出现"Ua 越上限""Uc 越上限""电压越上限"。

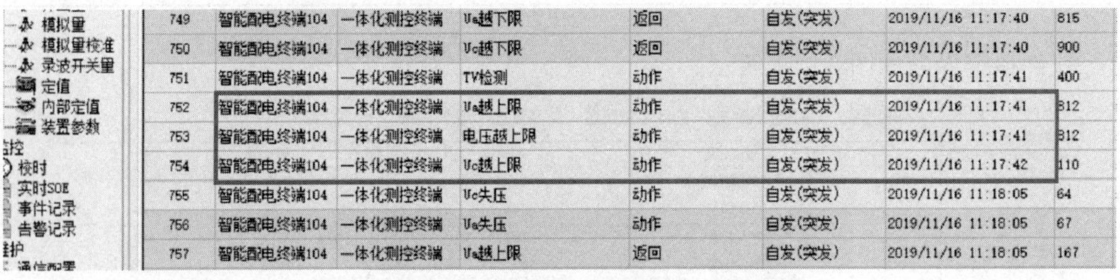

图 3-54　过电压告警显示界面

（三）重载告警功能

测试电流大于整定值并且大于整定的延时时间，产生重载告警事件。重载的相关参数如表 3-12 所示。

表 3-12   重载相关参数配置表

序号	精度校准参数	单位	最小值	最大值	默认值
1	重载报警门限值	A	0.5	10	3.5
2	重载报警延时	s	0	10000	3600

软件整定界面如图 3-55 所示。

图 3-55 重载报警软件设置界面

如图 3-56 所示，告警事件中会出现"A相重载""B相重载""C相重载""相电流重载"。

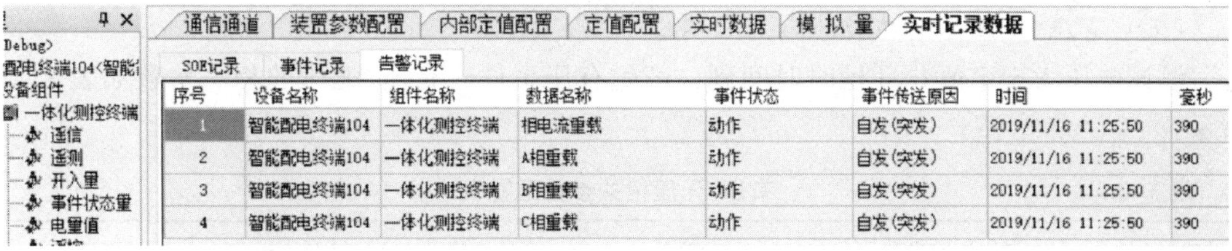

图 3-56 重载报警界面

（四）过载告警功能

测试电流大于整定值并且延时时间到，产生过载告警事件。过载相关参数如表 3-13 所示。

表 3-13   过载相关参数配置表

序号	精度校准参数	单位	最小值	最大值	默认值
1	过载报警门限值	A	0.5	10	5
2	过载报警延时	s	0	10000	3600

软件整定界面如图 3-57 所示。

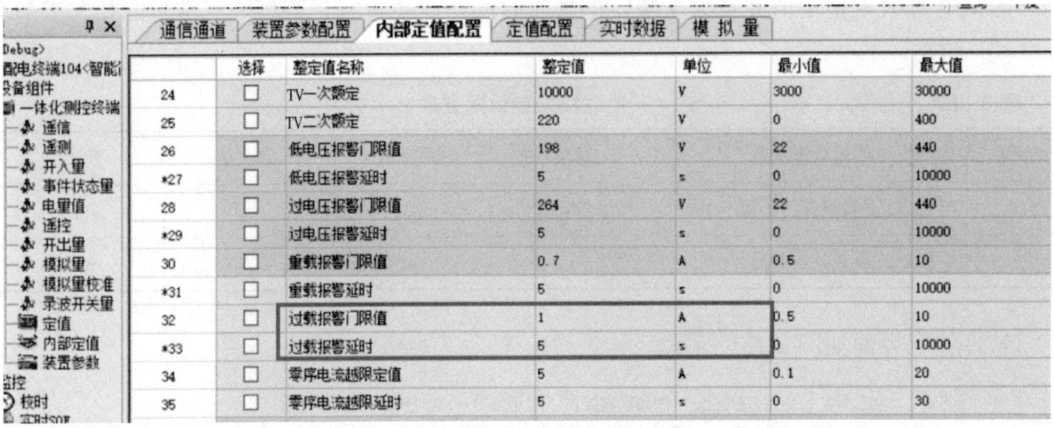

图 3-57 过载软件设置界面

如图 3-58 所示，告警事件中会出现"A 相过载""B 相过载""C 相过载""相电流过载"。

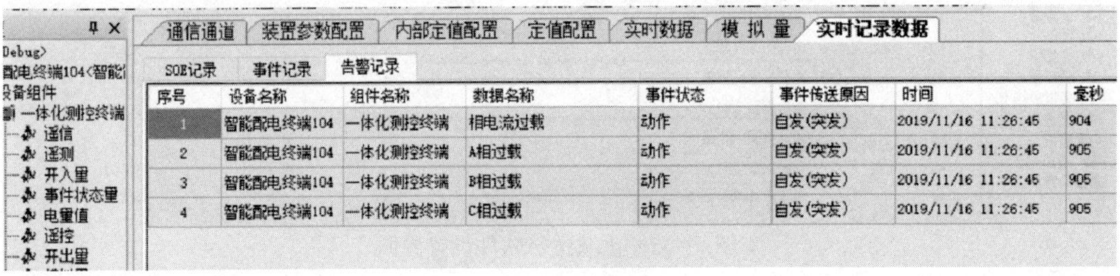

图 3-58 过载告警界面

（五）有压/无压鉴别功能

测试电压大于定值并且延时时间到，产生有压事件。有压/无压的相关参数如表 3-14 所示。

表 3-14　　　　　　　　　有压/无压相关参数配置表

序号	精度校准参数	单位	最小值	最大值	默认值
1	有压定值	V	20	220	70
2	有压延时时间	s	0.04	1	0.06
3	无压定值	V	0.01	66	30
4	无压延时时间	s	0	1	0.04

软件整定界面如图 3-59 所示。

如图 3-60 所示，告警事件中会出现"Ua 有压""Uc 有压""有压状态""Ua 无压""Uc 无压"。

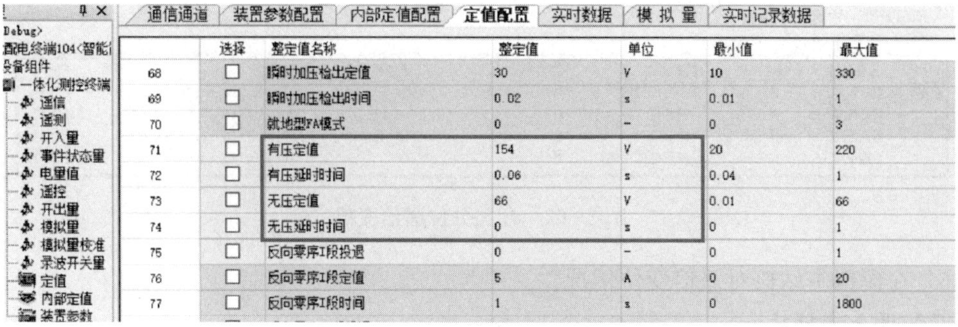

	选择	整定值名称	整定值	单位	最小值	最大值
68	□	瞬时加压检出定值	30	V	10	330
69	□	瞬时加压检出时间	0.02	s	0.01	1
70	□	就地型FA模式	0	-	0	3
71	□	有压定值	154	V	20	220
72	□	有压延时时间	0.06	s	0.04	1
73	□	无压定值	66	V	0.01	66
74	□	无压延时时间	0	s	0	1
75	□	反向零序I段投退	0	-	0	1
76	□	反向零序I段定值	5	A	0	20
77	□	反向零序I段时间	1	s	0	1800

图 3-59　有压/无压软件设置界面

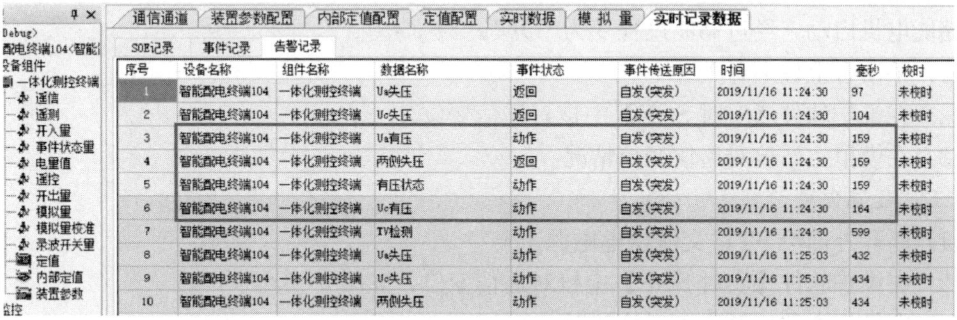

序号	设备名称	组件名称	数据名称	事件状态	事件传送原因	时间	毫秒	校时
1	智能配电终端104	一体化测控终端	Ua失压	返回	自发(突发)	2019/11/16 11:24:30	97	未校时
2	智能配电终端104	一体化测控终端	Uc失压	返回	自发(突发)	2019/11/16 11:24:30	104	未校时
3	智能配电终端104	一体化测控终端	Ua有压	动作	自发(突发)	2019/11/16 11:24:30	159	未校时
4	智能配电终端104	一体化测控终端	两侧失压	返回	自发(突发)	2019/11/16 11:24:30	159	未校时
5	智能配电终端104	一体化测控终端	有压状态	动作	自发(突发)	2019/11/16 11:24:30	159	未校时
6	智能配电终端104	一体化测控终端	Uc有压	动作	自发(突发)	2019/11/16 11:24:30	164	未校时
7	智能配电终端104	一体化测控终端	TV检测	动作	自发(突发)	2019/11/16 11:24:30	599	未校时
8	智能配电终端104	一体化测控终端	Ua失压	动作	自发(突发)	2019/11/16 11:25:03	432	未校时
9	智能配电终端104	一体化测控终端	Uc失压	动作	自发(突发)	2019/11/16 11:25:03	434	未校时
10	智能配电终端104	一体化测控终端	两侧失压	动作	自发(突发)	2019/11/16 11:25:03	434	未校时

图 3-60　有压/无压告警界面

第六节　遥　信　试　验

一、FTU 实遥信试验

（一）开关合位/分位

（1）通过操作手柄手动合上柱上开关。

（2）在维护软件【实时 SOE】中核对遥信变位，如图 3-61 所示。

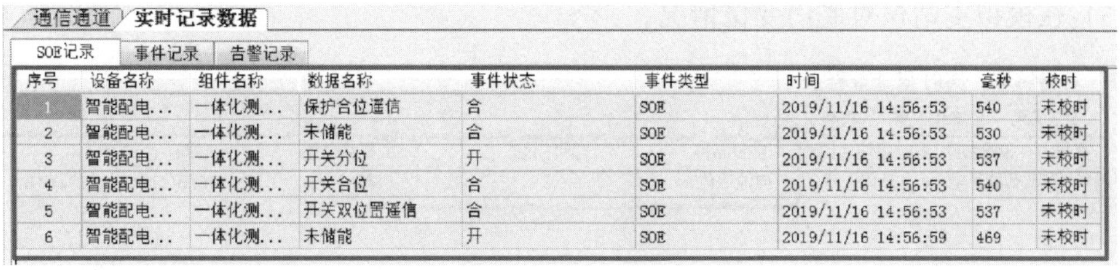

序号	设备名称	组件名称	数据名称	事件状态	事件类型	时间	毫秒	校时
1	智能配电...	一体化测...	保护合位遥信	合	SOE	2019/11/16 14:56:53	540	未校时
2	智能配电...	一体化测...	未储能	合	SOE	2019/11/16 14:56:53	530	未校时
3	智能配电...	一体化测...	开关分位	开	SOE	2019/11/16 14:56:53	537	未校时
4	智能配电...	一体化测...	开关合位	合	SOE	2019/11/16 14:56:53	540	未校时
5	智能配电...	一体化测...	开关双位置遥信	合	SOE	2019/11/16 14:56:53	537	未校时
6	智能配电...	一体化测...	未储能	开	SOE	2019/11/16 14:56:59	469	未校时

图 3-61　开关合位遥信变位

（3）在模拟主站核对遥信变位情况。

（4）柱上开关分闸。

（5）在维护软件【实时 SOE】中核对遥信变位，如图 3-62 所示。

图 3-62 开关分位遥信变位

（6）在模拟主站核对遥信变位情况。

（二）开关未储能

柱上开关在合闸时消耗弹簧储能，开关完成合闸之后自动进行储能。在进行开关合位遥信的试验过程中即可同时完成"未储能"的遥信核对。在开关合上的一瞬间"未储能"为合，储能电机启动，经过储能过程变为"开"。

（1）手动合上柱上开关。

（2）在维护软件【实时 SOE】中核对遥信变位。

（3）在模拟主站核对遥信变位情况。

（三）交流失电

（1）断开外部给 FTU 交流供电电源。

（2）在维护软件【实时 SOE】中核对遥信变位，如图 3-63 所示。

（3）在模拟主站核对遥信变位情况。

图 3-63 交流失电遥信

（四）蓄电池活化

（1）按下装置面板上的电池活化按钮。需注意，本装置在进行电池活化之前，需确保交流供电正常，装置面板上 TV 灯亮起，否则电池活化不成功。

（2）在维护软件【实时 SOE】中核对遥信变位，如图 3-64 所示。

（3）在模拟主站核对遥信变位情况。

图 3-64 蓄电池活化遥信

二、FTU 虚遥信试验

（一）保护类虚遥信

虚遥信一部分是装置的各类保护动作、告警信号等，可以概括为过流类、越限类，此类遥信的试验方法在本章第八节将会进行说明。

（二）FA逻辑相关虚遥信

另一部分是馈线自动化功能而产生的各类信号，可以概括为状态类、信息类，此类遥信的试验方法在本章第九节将会进行说明。

▶ 第七节　遥　控　试　验

《配电自动化终端/子站功能规范》要求："三遥"FTU应具备就地采集模拟量和状态量、控制开关分合闸、数据远传及远方控制功能；具备就地/远方切换开关和控制出口硬压板（配套电磁操作机构开关时不配置），支持控制出口软压板功能。FTU遥控功能的试验方法与基本知识将在本节进行说明。

一、遥控功能测试要求

（1）遥控正确性：配电终端测试主站向配电终端按照预置、返校、执行的顺序下发分合控制命令，配电终端应正确执行分闸或合闸命令。试验重复5次，遥控成功率应为100%。

（2）远方/就地切换：配电终端测试主站向配电终端发出开关控制命令，当远方/就地切换开关处于就地时，配电终端应无遥控输出；处于远方状态时，遥控应正常输出。

（3）遥控软压板：当软压板投入时，配电终端应执行主站遥控命令；当软压板退出时，配电终端应不执行主站遥控命令。

二、遥控功能相关硬件设备

本文所述FTU面板外观如图3-1所示，面板上控制压板及拨动开关的功能说明如表3-15所示。

表3-15　　　　　　　　　　　FTU控制压板及拨动开关说明

序号	名称	说明
1	电池投退压板	此压板控制蓄电池是否向装置供电，压板位于"投"时，蓄电池可以向装置供电；压板位于"退"时，蓄电池无法向装置供电。现场建议将压板设置为"投"位
2	合闸压板	此压板控制装置的合闸命令出口，压板位于"投"时，装置可以对开关进行合闸命令出口，即遥控合闸；压板位于"退"时，装置不可以对开关进行合闸命令出口。现场建议将压板设置为"投"位
3	分闸压板	此压板控制装置的分闸命令出口，压板位于"投"时，装置可以对开关进行分闸命令出口，即遥控分闸；压板位于"退"时，装置不可以对开关进行分闸命令出口。现场建议将压板设置为"投"位
4	复归按钮	此按钮控制装置的复归功能，适用于出现闭锁等的情况
5	电池活化按钮	此按钮控制电池活化的功能，按下后开始电池活化，装置上报"电池活化"遥信，使用蓄电池对装置进行供电；长按该按钮可以退出蓄电池活化（需长按10s以上）

序号	名称	说明
6	远方/就地拨动开关	该拨动开关控制的是装置的远方/就地状态。在"远方"状态下，可以通过主站（模拟主站）、维护软件等非就地操作方式控制开关的分合；在"就地"状态下，无法通过主站（模拟主站）、维护软件等非就地操作方式控制开关的分合
7	重合闸投退拨动开关	该拨动开关控制装置是否命令开关进行重合闸动作。现场根据实际需要投退，具体说明见本章第九节
8	FA投退拨动开关	该拨动开关控制装置是否命令开关进入FA逻辑并进行相应动作。现场根据实际需要投退，具体说明见本章第九节
9	L/S拨动开关	该拨动开关控制装置判定开关为分段开关或是分界开关，并会影响到具体FA逻辑。现场根据实际需要投退，具体说明见本章第九节

三、FTU 遥控试验

（一）开关遥控试验

（1）在维护软件左侧【配电区域管理】中单击【遥控】。

（2）在弹出的对话框【遥控名称】中选择【遥控1】。

（3）单击【选择】进行遥控预置。

（4）单击【执行】进行遥控命令出口，如图3-65所示。

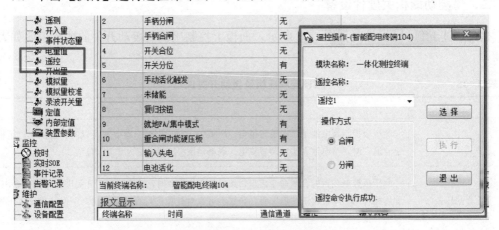

图 3-65　FTU 开关遥控试验

（二）蓄电池活化遥控试验

（1）在维护软件左侧【配电区域管理】中单击【遥控】。

（2）在弹出的对话框【遥控名称】中选择【电池活化启动】。

（3）单击【选择】进行遥控预置。

（4）单击【执行】进行遥控命令出口，如图3-66所示。

图 3 - 66　FTU 蓄电池活化试验

FTU 终端"三遥"的调试方法

▷ 第八节　保护功能测试

一、保护功能测试步骤详解

（1）准备工作：仪器仪表、工器具应试验合格，材料应齐全，包括设备说明书、图纸、定值单、出厂报告等技术资料。

（2）现场安全措施：将电压互感器二次回路断开，取下电压互感器高压熔断器或拉开电压互感器一次刀闸，将电压端子排上对应拨片拨开；将电流端子排 TA 侧的 A、B、C 分别与 N 相用短路片或短路线短接，将电流端子排上对应拨片拨开。

（一）过流Ⅰ段/过流Ⅱ段

将分/合闸压板插片投入，合上遥控软压板，将 FTU"远方/就地"拨动开关切至远方，将测试仪的电流线接至 FTU 工装的电流端子；选择分界开关模式，将【过流Ⅰ段告警投退】投入，【过流Ⅰ段出口投退】投入，【过流Ⅰ段定值】设 1.2A，【过流Ⅰ段时间】设 0.2s，如图 3 - 67 所示。

图 3 - 67　过流Ⅰ段定值配置

继电保护测试仪分别加 0.95 倍/1.05 倍过电流I段定值，加量时间为 250ms，进行试验并记录试验结果。过流I段告警如图 3-68 所示，过电流II段试验方法与过电流I段一致。

智能配电终端104	一体化测控终端	相间速断告警	动作	自发（突发）	2019/11/15 12:50:20
智能配电终端104	一体化测控终端	Ib速断告警	动作	自发（突发）	2019/11/15 12:50:20
智能配电终端104	一体化测控终端	Ic速断告警	动作	自发（突发）	2019/11/15 12:50:20
智能配电终端104	一体化测控终端	相间速断保护动作	动作	自发（突发）	2019/11/15 12:50:20
智能配电终端104	一体化测控终端	相间故障总	动作	自发（突发）	2019/11/15 12:50:20
智能配电终端104	一体化测控终端	保护动作	动作	自发（突发）	2019/11/15 12:50:20
智能配电终端104	一体化测控终端	总故障	动作	自发（突发）	2019/11/15 12:50:20

图 3-68　过流I段告警信息（1.05 倍定值）

（二）过负荷

将分/合闸压板插片投入，合上遥控软压板，将 FTU"远方/就地"拨动开关切至远方，将测试仪的电流线接至 FTU 工装的电流端子；选择分界开关模式，将【过负荷告警投退】投入，【过负荷出口投退】投入，【过负荷定值】设 1.5A，【过负荷时间】设 1s，如图 3-69 所示。

配电区域管理		通信通道 / 定值配置			
网络〈jDebug〉			选择	整定值名称	整定值	单位
智能配电终端104〈智能馈	10	☐	过流II段告警投退	1	-
设备组件	11	☐	过流II段出口投退	1	-
一体化测控终端	12	☐	过流II段定值	0.6	A
遥信	13	☐	过流II段时间	3	s
遥测	14	☐	过负荷告警投退	1	-
开入量	15	☐	过负荷出口投退	1	-
事件状态量	16	☐	过负荷定值	1.5	A
电量值	17	☐	过负荷时间	1	s
遥控	18	☐	零序I段告警投退	1	-
开出量					
模拟量					
模拟量校准					
录波开关量					
定值					

图 3-69　过负荷保护定值配置

继电保护测试仪分别加 0.95 倍/1.05 倍过负荷定值，加量时间为 1.05s，进行试验并记录试验结果。过负荷告警如图 3-70 所示。

智能配电终端104	一体化测控终端	过负荷告警	动作	自发（突发）	2019/11/15 13:01:29
智能配电终端104	一体化测控终端	Ib过负荷告警	动作	自发（突发）	2019/11/15 13:01:29
智能配电终端104	一体化测控终端	Ic过负荷告警	动作	自发（突发）	2019/11/15 13:01:29
智能配电终端104	一体化测控终端	过负荷保护动作	动作	自发（突发）	2019/11/15 13:01:29
智能配电终端104	一体化测控终端	相间故障总	动作	自发（突发）	2019/11/15 13:01:29
智能配电终端104	一体化测控终端	保护动作	动作	自发（突发）	2019/11/15 13:01:29
智能配电终端104	一体化测控终端	总故障	动作	自发（突发）	2019/11/15 13:01:29

图 3-70　过负荷保护告警信息（1.05 倍定值）

（三）零序I段

将分/合闸压板插片投入，合上遥控软压板，将 FTU"远方/就地"拨动开关切至远方，将测试仪的电流线接至 FTU 工装的电流端子；选择分界开关模式，将【零序Ⅰ段告警投退】投入，将【零序Ⅰ段出口投退】投入，【零序Ⅰ段定值】设 0.6A，【零序Ⅰ段时间】设 3s，如图 3-71 所示。

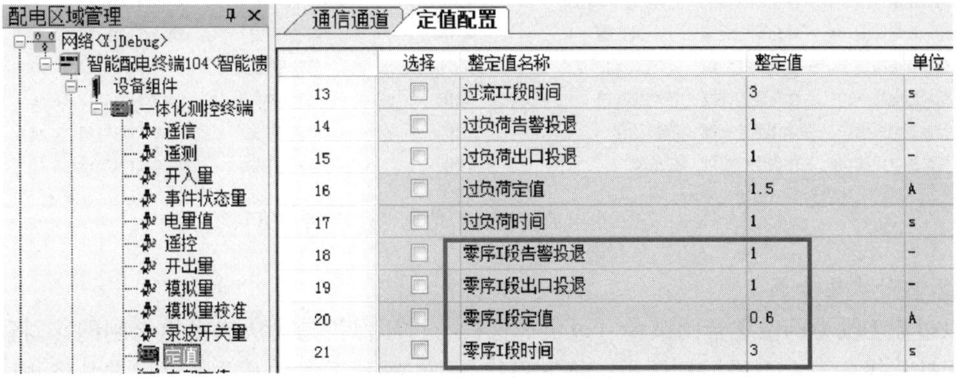

图 3-71　零序过电流Ⅰ段定值配置

继电保护测试仪分别加 0.95 倍/1.05 倍零序过电流Ⅰ段定值，加量时间为 3.05s，进行试验并记录试验结果。零序Ⅰ段告警如图 3-72 所示。

图 3-72　零序过流Ⅰ段告警信息（1.05 倍定值）

（四）小电流接地

将分/合闸压板插片投入，合上遥控软压板，将 FTU "远方/就地" 拨动开关切至远方，将测试仪的电压/电流线接至 FTU 工装的电压/电流端子；选择分界开关模式，将零压固定 0.3U0 退出，【零序电压定值】设 30V，【小电流接地延时】设 0.3s，【零序保护方式】投 2，分别加 U0＝28.5V/0°、I0＝0.1A/270° 与 U0＝31.5V/0°I0＝0.1A/270° 进行试验并记录试验结果，软件设置如图 3-73 所示。

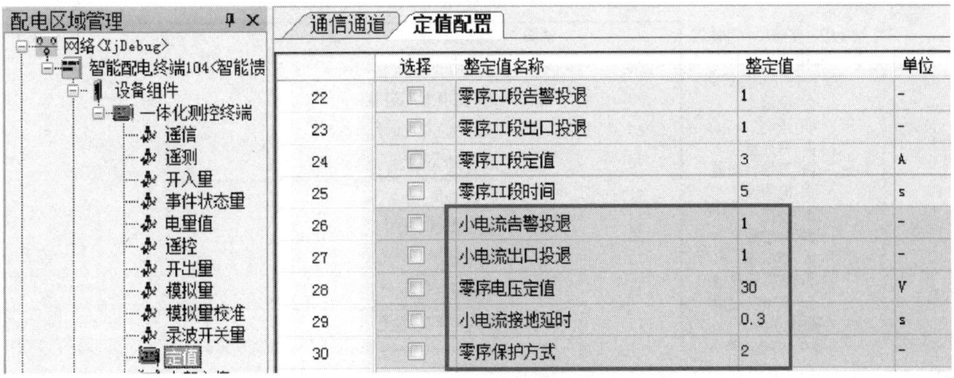

图 3-73　小电流接地定值配置

继电保护测试仪分别加 0.95 倍/1.05 倍小电流整定定值。小电流告警如图 3-74 所示。

智能配电终端104	一体化测控终端	零压启动小电流	动作	自发(突发)	2019/11/15 13:17:46
智能配电终端104	一体化测控终端	零压越限	动作	自发(突发)	2019/11/15 13:17:46
智能配电终端104	一体化测控终端	小电流瞬时故障	动作	自发(突发)	2019/11/15 13:17:46
智能配电终端104	一体化测控终端	小电流告警	动作	自发(突发)	2019/11/15 13:17:46
智能配电终端104	一体化测控终端	小电流保护动作	动作	自发(突发)	2019/11/15 13:17:46
智能配电终端104	一体化测控终端	接地故障总	动作	自发(突发)	2019/11/15 13:17:46
智能配电终端104	一体化测控终端	保护动作	动作	自发(突发)	2019/11/15 13:17:46
智能配电终端104	一体化测控终端	总故障	动作	自发(突发)	2019/11/15 13:17:46

图 3-74 小电流接地告警信息 (1.05 倍定值)

（五）一次重合闸

以过流 I 段为例做重合闸试验（过负荷保护与过压保护是无法启动重合闸的）。将分/合闸压板插片投入，合上遥控软压板，将 FTU "远方/就地" 拨动开关切至远方，将测试仪的电压/电流线接至 FTU 工装的电压/电流端子；选择分界开关模式，【相间启动重合投退】投入，【一次重合投退】投入，【一次重合时间】设 1s；使用状态序列，状态 1 加过流 I 段故障量，选择开入量翻转，状态 2 分别加 0.95 倍/1.05 倍有压值进行试验并记录试验结果，软件设置如图 3-75 和图 3-76 所示。

图 3-75 重合闸定值配置

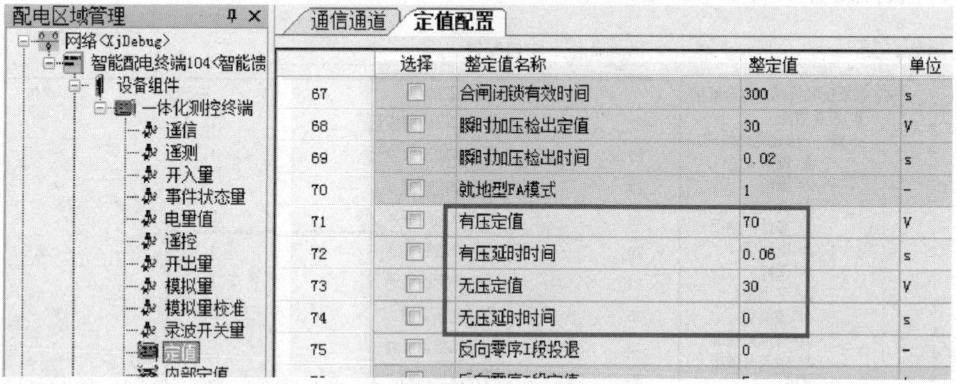

图 3-76 重合闸判有压定值配置

一次重合闸记录如图 3 - 77 所示。

| 一次重合动作 | 动作 | 自发(突发) | 2019/11/15 13:27:59 | 410 | 已校时 | UA/UB | 73.56/0 |
| 一次重合动作 | 返回 | 自发(突发) | 2019/11/15 13:27:59 | 502 | 已校时 | 无效 | 0 |

图 3 - 77　重合闸告警信息（1.05 倍定值）

（六）二次重合闸

以过流 I 段为例做重合闸试验（过负荷保护与过压保护是无法启动重合闸的）。将分/合闸压板插片投入，合上遥控软压板，将 FTU "远方/就地" 拨动开关切至远方，将测试仪的电压/电流线接至 FTU 工装的电压/电流端子；选择分界开关模式，【相间启动重合投退】投入，【一次重合投退】投入，【一次重合时间】设 1s，【二次重合投退】投入，【二次重合时间】设 2s，在一次重合成功后的 T2 时间（Y 时间）到 T4 时间（重合闸复归时间）内再次发生短路故障即可进入二次重合闸。

（七）重合闸后加速

以过流 I 段为例做重合闸试验（过负荷保护与过压保护是无法启动重合闸的）。将分/合闸压板插片投入，合上遥控软压板，将 FTU "远方/就地" 拨动开关切至远方，将测试仪的电压/电流线接至 FTU 工装的电压/电流端子；选择分界开关模式，【相间启动重合投退】投入，【一次重合投退】投入，【一次重合时间】设 1s，在一次重合成功后的 T2 时间（Y 时间）内再次发生短路故障即可后加速跳闸。软件设置如图 3 - 78 所示。

图 3 - 78　重合闸后加速定值配置

重合闸后加速记录如图 3 - 79 所示。

一体化测控终端	一次重合动作	动作	自发(突发)	2019/11/15 16:10:58
一体化测控终端	一次重合动作	返回	自发(突发)	2019/11/15 16:10:58
一体化测控终端	过流后加速告警	动作	自发(突发)	2019/11/15 16:11:02
一体化测控终端	相间速断告警	动作	自发(突发)	2019/11/15 16:11:02
一体化测控终端	Ia速断告警	动作	自发(突发)	2019/11/15 16:11:02
一体化测控终端	过流后加速动作	动作	自发(突发)	2019/11/15 16:11:02
一体化测控终端	相间故障总	动作	自发(突发)	2019/11/15 16:11:02
一体化测控终端	保护动作	动作	自发(突发)	2019/11/15 16:11:02
一体化测控终端	总故障	动作	自发(突发)	2019/11/15 16:11:02

图 3 - 79　重合闸后加速告警信息

（八）过压保护

将分/合闸压板插片投入，合上遥控软压板，将FTU "远方/就地" 拨动开关切至远方，将测试仪的电压线接至FTU工装的电压端子；选择分界开关模式，将【Ua过压保护投退】投入，将【Uc过压保护投退】投入，【过压保护定值】设120V，【过压保护延时】设0.2s，如图3-80所示。

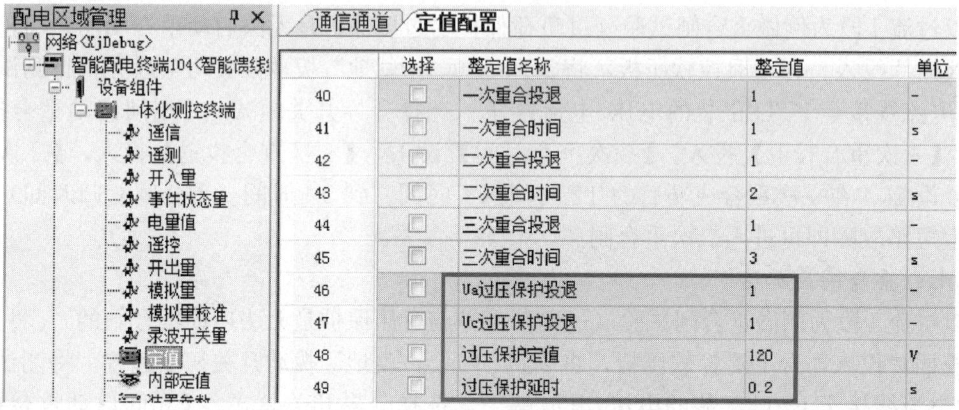

图3-80 过压保护定值配置

继电保护测试仪分别加0.95倍/1.05倍过压定值，加量时间为1.05s，进行试验并记录试验结果。过压告警动作如图3-81所示。

图3-81 过压保护告警信息（1.05倍定值）

（九）遮断电流保护

以过流Ⅰ段为例做遮断电流测试。将分/合闸压板插片投入，合上遥控软压板，将FTU "远方/就地" 拨动开关切至远方，将测试仪的电流线接至FTU工装的电流端子；选择分界开关模式，将【负荷开关模式】投入，将【过流Ⅰ段告警投退】投入，将【过流Ⅰ段出口投退】投入，如图3-82所示。

继电保护测试仪分别加0.95倍/1.05倍遮断电流定值进行试验并记录试验结果。遮断闭锁跳闸告警如图3-83所示。

（十）二次谐波制动

以A相过流Ⅰ段为例做二次谐波制动测试。将分/合闸压板插片投入，合上遥控软压板，将FTU "远方/就地" 拨动开关切至远方，将测试仪的电流线接至FTU工装的电流端子；选择分界开关模式，将【过流Ⅰ段告警投退】投入，将【过流Ⅰ段出口投退】投入，【二次谐波制动定值】设置20%，【二次谐波制动时间】设置0.1s，根据二次谐波制动定值计算基波为1.2倍过流定值时的谐波量，如图3-84所示。

继电保护测试仪分别加0.95倍/1.05倍谐波量（100Hz）进行试验并记录试验结果。

（十一）拨码整定

当使用拨码完成过流Ⅱ段保护时，参数配置如表3-16所示。

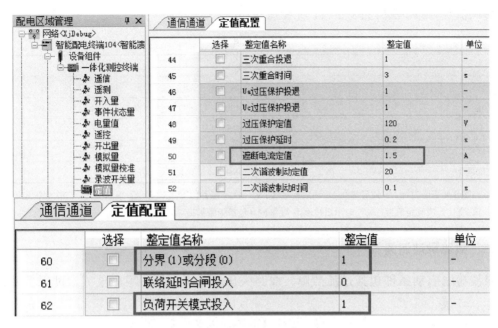

图 3-82 遮断保护定值配置

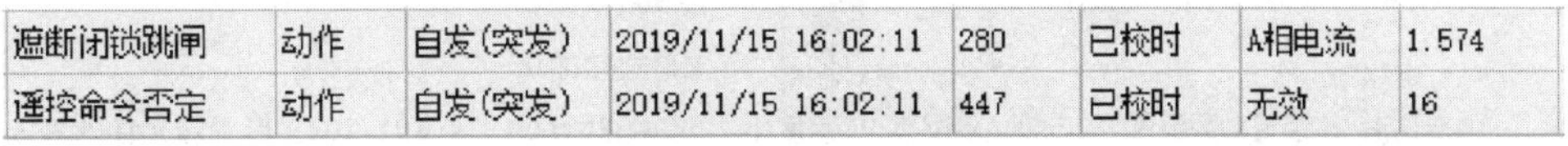

| 遮断闭锁跳闸 | 动作 | 自发(突发) | 2019/11/15 16:02:11 | 280 | 已校时 | A相电流 | 1.574 |
| 遥控命令否定 | 动作 | 自发(突发) | 2019/11/15 16:02:11 | 447 | 已校时 | 无效 | 16 |

图 3-83 遮断闭锁告警信息（1.05 倍定值）

图 3-84 二次谐波制动定值配置

表 3-16 拨 码 参 数 配 置

序号	参数名称	整定说明
1	保护控制字	BIT00 位：整定值 0=拨码整定； BIT14 位：拨码相间过流保护出口投退，0=退出，1=投入
2	串口 2 通信协议	整定值：13=拨码通信协议

拨码值对应的一次值如表 3-17 所示。

表 3-17 拨码参数配置

过流Ⅱ段保护定值									
拨码挡位	0	1	2	3	4	5	6	7	8	9
一次值 A	退出	120	240	360	480	600	720	840	960	1200
过流Ⅱ段延时时间									
拨码挡位	0	1	2	3	4	5	6	7	8	9
延时时间 s	0	0.1	0.2	0.3	0.4	0.5	0.6	0.7	0.8	1

注 相间 TA 变比为 600/5 或者 600/1，通过整定【TV 一次额定】【TV 二次额定】确认变比，二次保护定值＝一次值/变比。拨码定值为"00"时退出过流Ⅱ段保护（包括告警和出口）。

二、故障录波调阅

录波功能启动条件包括过流故障、线路失压、零序电压、零序电流、过压，可分别设定。

(1) 点击【101/104（扩展 K）】，选择【故障录波文件】，如图 3-85 所示。

图 3-85 故障录波文件调取界面

(2) 右击选择【读取录波列表】，如图 3-86 所示。

(3) 选中所需波形文件，右击选择【读取录波数据】。

(4) 录波数据文件读取成功后，右击【选择录波记录曲线】，如图 3-87 所示，可查看故障录波曲线。

三、保护出口时间测试

以过流Ⅰ段为例做保护出口时间测试，试验步骤如下：将分/合闸压板插片投入，合上遥控软压板，将 FTU "远方/就地"拨动开关切至远方，将测试仪的电流线接至 FTU 工装

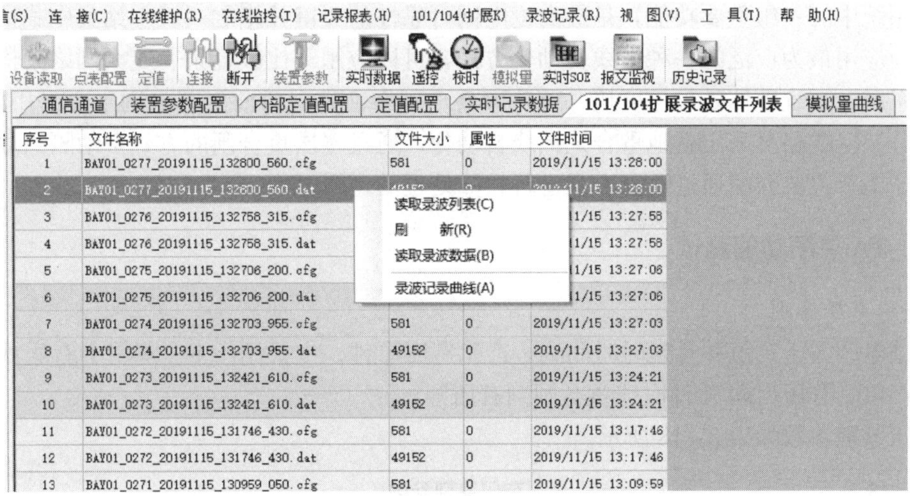

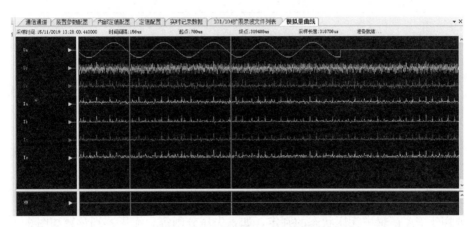

图 3-86　故障录波文件调取界面

图 3-87　查看故障录波记录曲线

的电流端子，将测试仪的信号线接至 FTU 的 FZ＋与 FZ－；选择分界开关模式，将【过流Ⅰ段告警投退】投入，【过流Ⅰ段出口投退】投入，加 1.2 倍过流定值进行试验并记录测试仪返回时间。分别测试 3 次出口时间取平均值，误差应满足要求。

FTU 终端保护功能调试

第九节　FA 功能实现

馈线自动化简称 FA，主要作用是在配电网正常状态下，实时监视馈线分段开关与联络开关的状态和馈线电流、电压等情况，实现线路开关的远方或就地合闸与分闸操作；在故障时，获得故障信息，并能自动判断和隔离馈线故障区段，迅速恢复非故障区域供电，是配电自动化系统中的一组重要功能，是提高配电网可靠性的关键技术之一。主站集中式馈线自动化是目前应用最为广泛的一种馈线自动化方式，可以应用于比较复杂、庞大网络架构的配电自动化系统，系统整体处理速度快、成功率高、可靠性高，目前江苏电网主要采用此功能。对于部分架空线路可采用就地重合式馈线自动化，通过多次重合闸的方式自动隔离故障和恢复供电。本节主要介绍通过重合方式进行故障处理的逻辑过程。

一、FA 单项功能测试

（一）有压鉴别

测试电压大于定值并且延时时间到，产生有压事件。主要用于 FA 逻辑中有压状态的判定，如：单侧有压启动 X 计时或重合闸判有压等。

有压鉴别参数如表 3 - 18 所示。

表 3 - 18　　　　　　　　　　　　有压鉴别参数

序号	参数名称	整定说明	序号	参数名称	整定说明
1	有压定值	单位：V	2	有压延时时间	单位：ms

告警事件中有"Ua 有压""Uc 有压""有压状态"，如图 3 - 88。

智能配电终端104	一体化测控终端	Ua失压	返回	自发(突发)	2019/11/19 10:58:29
智能配电终端104	一体化测控终端	Uc失压	返回	自发(突发)	2019/11/19 10:58:29
智能配电终端104	一体化测控终端	Ua有压	动作	自发(突发)	2019/11/19 10:58:29
智能配电终端104	一体化测控终端	两侧失压	返回	自发(突发)	2019/11/19 10:58:29
智能配电终端104	一体化测控终端	有压状态	动作	自发(突发)	2019/11/19 10:58:29
智能配电终端104	一体化测控终端	Uc有压	动作	自发(突发)	2019/11/19 10:58:29

图 3 - 88　有压鉴别遥信

（二）无压鉴别

主要用于 FA 逻辑中无压状态的判定，如：失压分闸等。无压鉴别参数如图 3 - 89 所示。

☐	无压定值	30	V
☐	无压延时时间	0	s

图 3 - 89　无压鉴别参数

告警事件中有"Ua 失压""Uc 失压""两侧失压"，如图 3 - 90。

智能配电终端104	一体化测控终端	Ua失压	动作	自发(突发)	2019/11/18 17:28:14
智能配电终端104	一体化测控终端	Uc失压	动作	自发(突发)	2019/11/18 17:28:14
智能配电终端104	一体化测控终端	两侧失压	动作	自发(突发)	2019/11/18 17:28:14

图 3 - 90　无压鉴别遥信

（三）X 时间测试

X 时间为线路有压确认时间，当电源侧和负荷侧均停电，且未处在闭锁状态时，单侧来电将启动 X 计时，X 计时结束后，开关合闸。X 时间定值如图 3 - 91 所示。

（四）Y 时间测试

使用状态序列，使开关合闸后分别在 0.95/1.05 倍 Y 时间后失压，进行试验并记录试验结果。

X时间定值	7	s
Y时间定值	5	s
Z时间定值	3.5	s
S时间定值	45	s
分界(1)或分段(0)	0	—

图3-91　X时间参数

如图3-92所示，0.95倍Y时间后失压触发正向闭锁。

一体化测控终端	X延时到合闸动作	动作	自发(突发)	2019/11/19 11:21:19	112
一体化测控终端	正向Y延时启动	动作	自发(突发)	2019/11/19 11:21:19	114
一体化测控终端	X延时到合闸动作	返回	自发(突发)	2019/11/19 11:21:19	207
一体化测控终端	Ua失压	动作	自发(突发)	2019/11/19 11:21:23	917
一体化测控终端	两侧失压	动作	自发(突发)	2019/11/19 11:21:23	917
一体化测控终端	Ua有压	返回	自发(突发)	2019/11/19 11:21:23	927
一体化测控终端	有压状态	返回	自发(突发)	2019/11/19 11:21:23	927
一体化测控终端	正向Y时间闭锁	动作	自发(突发)	2019/11/19 11:21:24	197
一体化测控终端	正向闭锁(Y时间)	动作	自发(突发)	2019/11/19 11:21:24	197
一体化测控终端	失压延时跳闸	动作	自发(突发)	2019/11/19 11:21:24	199

图3-92　0.95倍Y时间后失压触发正向闭锁

（五）Z时间测试

使用状态序列，在X计时过程中，若停电未满Z时间又再次来电，则可以继续X计时，若停电超过Z时间则触发X时间闭锁。

（六）正向闭锁/解锁

正向闭锁即Y时间闭锁，在Y时间中发生大于Z时间的停电则会触发Y时间闭锁。此时正向送电开关不合闸，闭锁灯亮。可通过操作手柄合闸、遥控合闸或负荷侧来电，在X时间完成后，解除闭锁。图3-93为正向Y时间闭锁遥信。

一体化测控终端	正向Y时间闭锁	动作	自发(突发)	2019/11/19 11:21:24	197
一体化测控终端	正向闭锁(Y时间)	动作	自发(突发)	2019/11/19 11:21:24	197

图3-93　正向Y时间闭锁遥信

（七）反向闭锁/解锁

反向闭锁分2种：

（1）X时间闭锁，在X时间中发生大于Z时间的停电，则会触发X时间闭锁。此时反向送电开关不合闸，闭锁灯亮。可通过操作手柄合闸、遥控合闸或电源侧来电，在X时间完成后，解除闭锁。图3-94为正向X时间闭锁（反向闭锁）遥信。

一体化测控终端	正向X时间闭锁	动作	自发(突发)	2019/11/19 11:25:27
一体化测控终端	X时间闭锁	动作	自发(突发)	2019/11/19 11:25:27

图3-94　正向X时间闭锁遥信

（2）在 X 计时过程中负荷侧有瞬时电压时，X 计时结束后，开关不合闸，闭锁灯亮。可通过操作手柄合闸、遥控合闸或瞬时加压侧来电，在 X 计时结束后，解除闭锁。图 3-95 为瞬时加压整定值的软件设置界面。图 3-96 为正向瞬时加压闭锁（反向闭锁）遥信。

瞬时加压检出定值	40	V
瞬时加压检出时间	0.02	s

图 3-95　瞬时加压闭锁参数

一体化测控终端	正向瞬时加压闭锁	动作	自发（突发）	2019/11/19 11:27:24
一体化测控终端	瞬时加压闭锁	动作	自发（突发）	2019/11/19 11:27:24
一体化测控终端	反向闭锁	动作	自发（突发）	2019/11/19 11:27:24
一体化测控终端	闭锁合闸总	动作	自发（突发）	2019/11/19 11:27:24
一体化测控终端	闭锁自动合闸	动作	自发（突发）	2019/11/19 11:27:24

图 3-96　瞬时加压闭锁遥信

（八）两侧加压闭锁/解锁

在 X 计时过程中如果两侧均有电压，则触发两侧电压闭锁。在 X 计时结束后，开关不合闸，闭锁灯亮。可通过操作手柄合闸、遥控合闸或两侧同时停电 Z 时间以上，解除闭锁。图 3-97 为两侧加压闭锁遥信。

智能配电终端104	一体化测控终端	两侧加压闭锁	动作	自发（突发）	2019/11/19 11:47:06
智能配电终端104	一体化测控终端	闭锁合闸总	动作	自发（突发）	2019/11/19 11:47:06
智能配电终端104	一体化测控终端	闭锁自动合闸	动作	自发（突发）	2019/11/19 11:47:06

图 3-97　两侧加压闭锁遥信

FA 功能介绍及模拟
开关动作逻辑介绍

二、FA 功能测试案例分析

下面是几种就地型 FA（电压时间型/自适应综合型）功能测试的案例分析。FA 测试需要使用继电保护测试仪的【状态序列】模块。

案例一：电压时间型 FA 处理永久性短路故障典型案例

线路如图 3-98 所示，FA 模式为电压时间型，变电站出口断路器 CB1 的重合闸时间为 2s，过流 I 段定值 1.5A，时间 0.2s，重合闸充电（或复归）时间为 15s，FS11-FS13、FS21-FS23 为分段负荷开关，LS 为联络开关。其中，首端开关 FS11 的 X 时间为 21s 其余开关 X=7s，Y=5s，XL=60s，有压定值 70V，无压定值 30V，瞬时加压闭锁定值 40V。

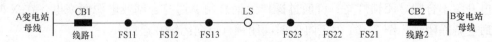

图 3-98　电压时间型 FA 处理永久性短路故障

（1）某日，FS12 与 FS13 之间线路发生永久性短路故障，FS12 的定值配置应如表 3-19 所示。

表3-19   **FS12 的定值配置**

FS11 定值配置	设置	FS12 定值配置	设置
保护控制字	0x0F09	保护控制字	0x0F09
分界/分段	0	分界/分段	0
负荷开关模式投入	1	负荷开关模式投入	1
就地 FA 模式	1	就地 FA 模式	1
X 时间	21	X 时间	7
Y 时间	5	Y 时间	5
有压定值	70	有压定值	70
无压定值	30	无压定值	30

（2）模拟开关 FS12 动作过程的状态序列如表 3-20 所示。

表3-20   **模拟 FS12 动作过程的状态序列**

状态	开关状态	电压	电流	状态时间
状态 1	合	Ua=100V Uc=100V	1	6s
状态 2	合	Ua=100V Uc=100V	1.8	0.2s（分位翻转）
状态 3	分	Ua=0 Uc=0	0	23s（保持）
状态 4	分	Ua=100V Uc=0	0	7s（合位翻转）
状态 5	合	Ua=100V Uc=100V	1.8	0.2s（分位翻转）
状态 6	分	Ua=0 Uc=0	0	23s（保持）
状态 7	分	Ua=100V Uc=0	0	持续

（3）模拟开关 FS13 动作过程的状态序列如表 3-21 所示。

表3-21   **模拟 FS13 动作过程的状态序列**

状态	开关状态	电压	电流	状态时间
状态 1	合	Ua=100V Uc=100V	1	6s
状态 2	合	Ua=100V Uc=100V	1.8	0.2s（分位翻转）
状态 3	分	Ua=0 Uc=0	0	30s（保持）
状态 4	分	Ua=42V Uc=0	0	0.2s（保持）
状态 5	分	Ua=0 Uc=0	0	23.6s（保持）
状态 6	分	Ua=0 Uc=100V	0	持续

案例二：综合自适应型 FA 处理单相接地故障典型案例

线路如图 3-99 所示，FA 模式为综合自适应，其中相间故障由变电站出口断路器 CB 完成，CB 的重合闸时间为 1s，重合闸充电（或复归）时间为 18s，FS1 为选线开关，可切除单相接地故障，FS1 的零序电压定值为 40V，小电流接地延时为 5s，一次重合闸时间 2s，FS2—FS6 为分段负荷开关，零序后加速时间 0.8s，LSW1 与 LSW2 为联络开关，YS1/YS2 为分界开关，设置一次重合闸，重合闸时间 2s。另 X=7s，Y=5s，S=6s，XL=60s，有压定值 80V，无压定值 30V，瞬时加压闭锁定值 40V。

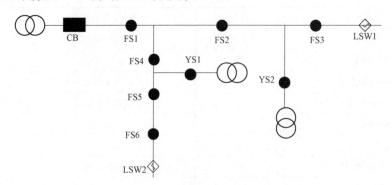

图 3-99 综合自适应型 FA 处理单相接地故障

（1）某日，FS5 与 FS6 之间线路发生永久性单相接地故障，FS1、FS5 的定值配置如表 3-22 所示。

表 3-22 FS1、FS5 的定值配置

FS1 定值配置	设置	FS5 定值配置	设置
保护控制字	0x0F09	保护控制字	0x0F09
分界/分段	0	分界/分段	0
选线方式投入	1	负荷开关模式投入	1
选线保护方式	0	就地 FA 模式	0
就地 FA 模式	0	零序电压定值	40
零序电压定值	40	小电流告警投退	1
小电流告警投退	1	零序后加速投退	1
小电流出口投退	1	零序后加速时间	0.8
小电流接地延时	5	X 时间	7
一次重合闸投入	1	Y 时间	5
一次重合闸时间	2	S 时间	6
零序后加速投退	1	有压定值	80
零序后加速时间	0.8	无压定值	30

（2）计算时间轴，根据时间轴填写整组动作过程如表 3-23 所示。

表 3-23 整组动作过程

时间轴	整组动作过程
0s	线路 A 相永久性单相接地故障发生
5s	FS1 选线成功，出口跳闸，FS2-FS6 失压分闸，LSW1 与 LSW2 因单侧失压而启动 XL 计时
7s	2s 后 FS1 重合成功，FS2 因无故障记忆启动 13s 长延时合闸，FS4 有故障记忆启动 7s 短延时合闸
14s	FS4 延时合闸成功
20s	FS2 延时合闸成功恢复非故障区域供电

时间轴	整组动作过程
21s	FS5合于接地故障，后加速0.8s跳闸，并正向闭锁合闸，FS6因瞬时加压反向闭锁合闸。在FS5合闸瞬间，FS4也感受到零序突变，但由于在Y时间外，所以FS4并不会跳闸，同时FS1也感受到零压突变，但未满5s即被切除，所以FS1也不会动作
33s	FS3延时合闸恢复非故障区域供电，同时LSW1因在XL计时内停电侧再次来电而终止XL计时
65s	LSW2的XL计时到而合闸，FS6反向来电不关合，故障处理完毕

（3）模拟开关FS1动作过程的状态序列如表3-24所示。

表3-24　　　　　　　　　　　　模拟FS1动作过程的状态序列

状态	开关状态	电压	电流	状态时间
状态1	合	Ua＝100V　Uc＝100V	1	6s
状态2	合	Ua＝100V　Uc＝100V　Uo＝42V, 0°	Io＝0.1A, −90°	5s（分位翻转）
状态3	分	Ua＝100V　Uc＝0	0	2s（合位翻转）
状态4	合	Ua＝100V　Uc＝100V	1	14s（保持）
状态5	合	Ua＝100V　Uc＝100V　Uo＝42V, 0°	Io＝0.1A, −90°	0.8s（保持）
状态6	合	Ua＝100V　Uc＝100V	1	持续

（4）模拟开关FS2动作过程的状态序列如表3-25所示。

表3-25　　　　　　　　　　　　模拟开关FS2动作过程的状态序列

状态	开关状态	电压	电流	状态时间
状态1	合	Ua＝100V　Uc＝100V	1	5s（分位翻转）
状态2	分	Ua＝0　Uc＝0	0	2s（保持）
状态3	分	Ua＝100V　Uc＝0	0	13s（合位翻转）
状态4	合	Ua＝100V　Uc＝100V	1	持续

（5）设置模拟开关FS5动作过程的状态序列如表3-26所示。

表3-26　　　　　　　　　　　　模拟开关FS5动作过程的状态序列

状态	开关状态	电压	电流	状态时间
状态1	合	Ua＝100V　Uc＝100V	1	6s
状态2	合	Ua＝100V　Uc＝100V　Uo＝42V, 0°	Io＝0.1A, −90°	5s（分位翻转）
状态3	分	Ua＝0　Uc＝0	0	9s（保持）
状态4	分	Ua＝100V　Uc＝0	0	7s（合位翻转）
状态5	合	Ua＝100V　Uc＝100V　Uo＝42V, 0°	Io＝0.1A, −90°	0.8s（分位翻转）
状态6	分	Ua＝100V　Uc＝0	0	持续

（6）如果考虑线路其他开关间发生故障，那么题中S时间定值与XL时间定值是否合理？

答：不合理。假设FS3与LSW1之间发生永久性短路故障，X＝7，Y＝5不变，CB一次重合之后，FS1、FS2、FS3 经短延时合闸，FS3 合于故障点使 CB 再次跳闸，所有开关失压分闸时，刚好卡在 FS4 的 Y 时间内，使 FS4 正向闭锁，最终 LSW2 合闸后将会合于故障点，导致故障范围扩大，故障处理失败。

因此，自适应综合型 FA 线路的首台长延时开关的 X+S 时间要大于最长支线开关的所有 X 时间之和再加 Y 时间，避免同一时间内有 2 台开关同时合闸，导致故障定位失败，所以 S=21+6-7=20s；而 XL 时间的设置原则是应大于最长故障隔离时间，以免因故障没有隔离就转供造成停电范围扩大，所以 XL=22+18+7+27×3+5=133s。

▷ 第十节 安 全 防 护

一、FTU 端口服务开放/封闭方法

以 8005 端口为例演示 FTU 端口服务开/闭的操作步骤。

（1）【开始】→【程序】，输入 cmd 命令打开命令提示符窗口，输入 netstat - an，扫描装置已开端口，不包含 8005 端口。

（2）打开 8005 端口，如图 3 - 100 所示。

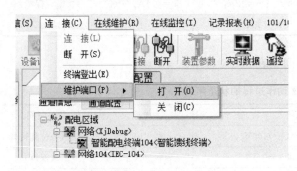

图 3 - 100　打开端口方式

（3）命令提示符窗口中再次输入 netstat - an，确认 8005 端口已打开。

二、硬加密

（一）FTU 硬加密操作步骤

（1）使用串口线连接维护笔记本和 FTU。

（2）将 FTU 的【加密模式】设为 2，【串口模式控制字】设为 0x0000，【串口参数控制字】设为 0x1111，【串口 1 通信协议】设为 1，重启装置，如图 3 - 101 所示。

（3）维护笔记本中插入 Ukey，使用【配电终端证书管理工具】导出终端证书请求文件信息，操作步骤参照第二章第九节第二部分 DTU 硬加密操作步骤，其中端口配置中的【波特率】【校验方式】【数据位】和【停止位】不同于 DTU，需根据 FTU 通信参数配置，如图 3 - 102 所示。

加密模式	2
加密最大时差	60
FA计数记忆时间S	20
文件确认机制投入	0
网管系统IP地址	0.0.0.0
对上规约控制字	0x08C1
串口模式控制字	0x0000
串口参数控制字	0x1111
串口1通信协议	1

图 3 - 101　硬加密装置参数配置

图 3 - 102　端口配置

（二）FTU 硬加密后建立通信连接

FTU 的加密模式设为 2 后，无法连接网络 104，需要使用第三方 TCP 软件"TCP - UDP 服务管理 V3.01"，通过开端口报文 EB 00 0A EB 00 01 E2 00 05 CD AB 45 1F 4A 0E D7 来打开 5678 端口，从而连接运维软件，下面是详细操作步骤。

（1）选择【TCP/UDP Client】，输入正确的【IP 地址】【业务端口】【协议】，点击【连接】，如图 3 - 103 所示。

图 3 - 103　通信参数配置

（2）在【数据发送区 1】内输入开端口报文，点击【手动发送】，如图 3 - 104 所示。

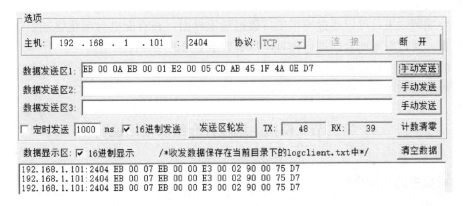

图 3 - 104　发送报文内容

（3）打开 5678 端口后，即可成功连接运维软件，然后将【加密模式】改为 0 即可。

第四章　主站与终端设备联调

▷ 第一节　实际应用场景介绍

调试人员在进行配电自动化装置就地调试时，通过模拟主站软件可以模拟实际主站功能，不需要连接实际的主站及配置通信设备，就可进行全过程的配电自动化"三遥"调试。

模拟主站可实现的功能：

（1）通过配置通道、规约等参数；模拟主站与配电自动化终端建立连接，实现上行、下行数据报文交互。

（2）终端调试人员可以通过模拟主站数据显示界面，查看配电自动化终端上送的遥测、遥信等数据，通过与本地数据进行比对，判断数据上送的准确性及精确性。

（3）调试人员可通过模拟主站对配电自动化终端进行远方控制操作，比如对时、遥控分合闸、遥控投退软压板，蓄电池活化等。

▷ 第二节　模拟主站软件介绍及使用说明

一、模拟主站软件介绍

本书以"PDZ800 - 智能配电终端维护系统"（版本号：1.50，以下简称模拟主站）进行介绍，该软件是由国电南瑞科技股份有限公司开发的一款模拟主站软件，可用于模拟配电自动化终端的远方调试，实现配电自动化终端的三遥调试并实时监视配电自动化终端与模拟主站之间的报文等信息。

打开模拟主站软件 DAT2UI.exe，主界面如图 4 - 1 所示，与配电自动化终端进行联调时需要使用的模块主要有【系统配置】【实时数据】【遥控操作】和【报文监视】等。下面简要介绍各个模块的主要功能。

（1）系统配置：配置模拟主站与配电终端通信是所需的相关参数，配置模拟主站中遥测、遥信、遥控参数的数量、名称以及系数等。

（2）实时数据：显示配电自动化终端上送至模拟主站的遥测量和遥信量。

（3）遥控操作：对配电自动化终端进行远方控制操作，例如遥控分合闸，遥控启动蓄电池活化等。

（4）报文监视：显示配电自动化终端与模拟主站之间的报文，并进行数据总召、链路测试等操作。

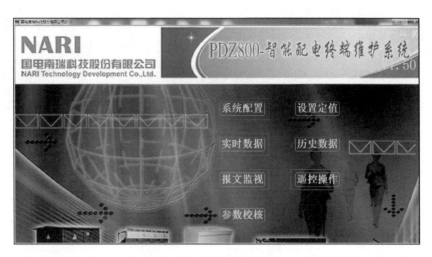

图 4-1 模拟主站主界面

二、模拟主站使用说明

（一）模拟主站通信参数配置

要实现模拟主站与配电自动化终端的联调，首先要正确配置相关通信参数，具体配置方法详见本章第三节。

（二）模拟主站遥测、遥信、遥控参数配置

在模拟主站主界面点击【系统配置】，进入系统配置界面，如图 4-2 所示。点击左侧类别中的【基本参数】，可配置 YC 数量、YX 数量和 YK 数量，即模拟主站中可显示的遥测量、遥信量以及可以遥控的遥控量的最大个数，应大于需要使用的遥测、遥信和遥控量的个数，建议设为较大的数值。修改后需点击工具栏中的【保存定值】图标。

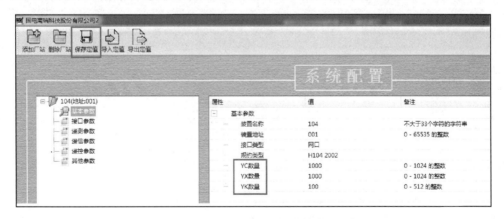

图 4-2 "三遥"参数数量配置

点击左侧类别中的【遥测参数】后进入遥测参数配置界面，如图 4-3 所示。修改遥测参数的通道名称、转换系数、基准值等参数，修改后需点击【保存定值】图标进行保存。

【通道名称】指遥测参数在模拟主站中的中文名称，可自定义修改，为方便后续联调，建议根据遥测点表修改对应参数的通道名称。例如遥测点表的第 10 个遥测量为第 1 间隔的

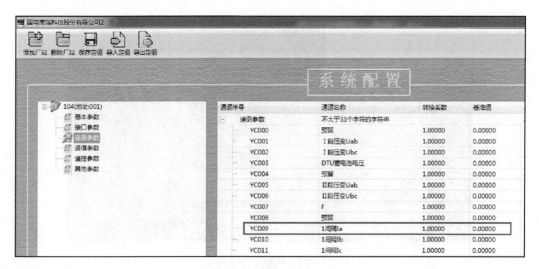

图 4-3 遥测参数配置

A 相电流，则将 YC009 的通道名称设为 1 间隔 Ia。

【转换系数】和【基准值】的作用等同于遥测转发表中的系数和偏移量，模拟主站显示的遥测量大小等于终端转发的遥测量乘以设置的转换系数后再加上基准值，系数和偏移量仅需在模拟主站或配电终端的其中一侧设置即可，由于本书偏重终端侧的参数配置，故将模拟主站的转换系数和基准值分别设为 1 和 0。

点击左侧类别中的【遥信参数】后进入遥信参数配置界面，如图 4-4 所示，修改遥信参数的通道名称、极性、有效性等参数，修改后需点击【保存定值】图标进行保存。

图 4-4 遥信参数配置

【通道名称】指该遥信参数在模拟主站中的中文名称，可自定义修改，为方便后续联调，建议根据遥信点表修改对应参数的通道名称。例如遥信点表的第 4 个遥信点为 DTU 远方位置，故将 YX003 的通道名称设为 DTU 远方。

【极性】的作用等同于遥信转发表中的极性，表示该遥信量是否取反显示，极性只需在模拟主站或配电终端其中一侧设置即可，由于本书偏重终端侧的参数配置，故此处的极性建议设为正。【有效性】设置为有效，表示该遥信参数有效。

点击左侧类别中的【遥控参数】后进入模拟主站遥控参数配置界面，如图 4-5 所示，修改遥控参数的通道名称、有效性等参数，修改后需点击【保存定值】图标进行保存。

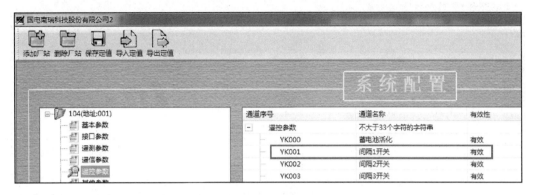

图 4-5　遥控参数配置

遥控参数的【通道名称】指该遥控参数在模拟主站中的中文名称，可自定义修改，为方便后续联调，建议根据遥控点表中的参数名称修改对应参数的通道名称。例如本书所用的遥控点表的第 2 个遥控参数为间隔 1 开关遥控，故将 YK001 的通道名称设为间隔 1 开关。

参数【有效性】设置为有效表示该遥控参数有效。

点击界面右上角的【首页】图标可返回模拟主站主界面，如图 4-6 所示。

（三）模拟主站遥测对点

模拟主站遥测对点是指根据对点需求，在配电终端侧注入给定值（例如电压或者电流），同时在模拟主站侧观察对应的转发值是否正确显示。

在主界面点击【实时数据】后进入实时数据显示界面，如图 4-7 所示，在项目序号处选择【遥测量】并单击将其展开，可观察到模拟主站侧遥测量的实时显示值。点击【实时数据】界面上方【数据总召】图标，可立即进行数据总召，更新实时数据。

图 4-6　返回主界面

在进行遥测对点时，首先根据对点需求，在终端测加量。例如要求在 DTU 线路 01 的 A 相注入 20% 的额定电流，则在 DTU 侧线路 01 的 A 相注入 1A 电流。同时由给定的终端遥测转发表可知，对应的点号为第 10 个点，转发系数为 120，在理想情况下，模拟主站侧应显示 120。由于在模拟主站中，遥测量是从 YC000 开始排序，所以第 10 个遥测点为 YC009，可以观察到遥测量 YC009 "1 间隔 Ia" 的显示值为 120.0073，遥测对点成功。依次类推，还可进行 "Ⅰ段母线电压" "线路 01 有功功率" 等参数遥测对点。

（四）模拟主站遥信对点

模拟主站遥信对点是指根据对点需求，在配电终端或开关侧进行遥信变位试验，同时在模拟主站侧观察相应遥信变位是否正确显示。

在主界面点击【实时数据】后进入实时数据显示界面，点击界面右上角【告警】图标，如图 4-8 所示，界面中间弹出如图 4-9 所示告警窗，在告警窗中选择【SOE 事件】标签。

图 4-7 实时遥测量显示界面

图 4-8 打开告警窗口

在进行遥信对点时，首先根据对点要求，在终端或开关侧进行遥信变位试验。例如要求进行"DTU 远方"的遥信复归和动作试验，则将 DTU 远方就地把手由"远方"切换至"切除"，再由"切除"切换至"远方"。由给定的遥信转发表可知，对应的遥信点为第 4 个点。与遥测对点时类似，模拟主站中遥测量由 YX000 开始排序，故在模拟主站侧第 4 个遥信点的遥信号为 3。

在遥信变位试验后，告警窗口中出现两条 SOE 事件，如图 4-9 所示，综合序号、事件、事件描述、发生时间分析可知，两条 SOE 事件分别表示遥信号 3（DTU 远方）变位为 0 后再变位为 1，与遥信试验相对应，遥信对点成功。依次类推，还可进行"开关 01 合位""线路 01 过流Ⅰ段告警"等遥信对点试验。

点击告警窗中顶部右侧的【全部清除】，即可清除告警窗中全部 SOE 事件。

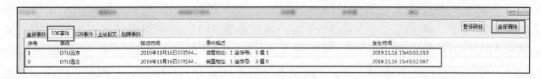

图 4-9 实时告警事件显示界面

（五）模拟主站遥控试验

模拟主站遥控试验是指根据需求，在模拟主站侧进行遥控操作，在终端或开关侧观察是否动作。

（1）在主界面点击【遥控操作】进入遥控界面，如图 4-10 所示。根据要求，在选择栏中【遥控号选择】下拉菜单中选择需要操作的遥控点号,在【操作类型】下拉菜单中选择合闸或分闸。

(2)点击操作栏中的【遥控选择】按键,输入密码"1234"后,下方操作日志显示遥控选择成功,然后点击【遥控执行】按键,输入密码"1234",下方操作日志显示遥控执行成功。

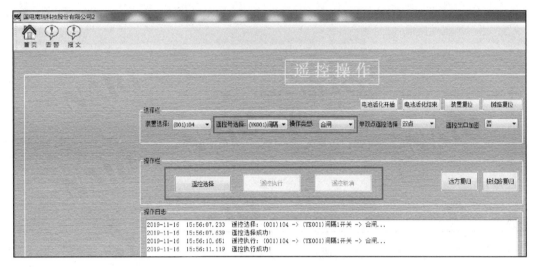

图4-10 遥控操作界面

在进行遥控试验时,要求将开关01遥控合闸,由遥控点表可知,"开关01"为第2个点。由于模拟主站中遥控量由YK000开始,故第2个点为YK001。

在遥控号选择中选择YK001"间隔1开关",操作类型选合闸。依次执行【遥控选择】【遥控执行】后,观察到开关01合闸,同时告警窗口中接收到相应SOE事件,遥控试验成功,如图4-11所示。依次类推,还可以进行"蓄电池活化开始"等遥控试验。

图4-11 遥控操作告警事件

(六)模拟主站报文监视

在模拟主站主界面点击【报文监视】,可进入报文监视界面,如图4-12所示,可记录相应遥测上送、遥信变位、遥控试验等报文交互过程。

点击界面左上角的【清除报文】按键，可清除界面内所有报文。点击【停止刷新】按键，可停止模拟主站报文刷新过程，方便查找记录已刷新报文，再次点击可恢复刷新。点击【链路测试】按键，可刷新链路测试报文。

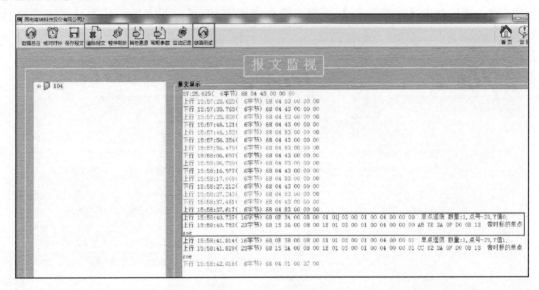

图 4-12　报文监视界面

▶ 第三节　与模拟主站通信连接方法

一、PDZ920 装置模拟主站参数配置

（1）打开 PDZ920 装置模拟主站软件 DAT2UI. exe，进入【系统配置】，点击【基本参数】，设置【装置地址】为 1，与 PDZ920 装置参数中的【装置地址】一致。【规约类型】为 H104 2002，与装置参数中的【网口 0 规约号】一致，如图 4-13 所示。

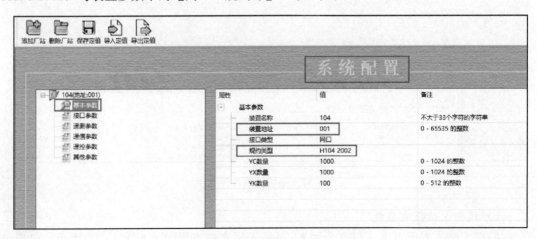

图 4-13　模拟主站基本参数配置

（2）点击【接口参数】，设置模拟主站【IP 地址】为 192.168.2.101，【端口号】为 2404，如图 4 - 14 所示，配置完毕，点击菜单栏中的【保存定值】。

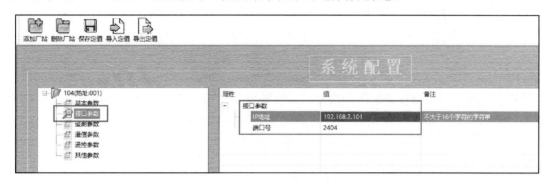

图 4 - 14　模拟主站接口参数配置

（3）完成参数配置，弹出消息框，显示"召唤电能确认""电能量召唤结束"，打开【报文监视】窗口，显示启动链路报文、初始化结束报文、总召唤报文，表示模拟主站与配电自动化装置完成了通信链路建立，可以进行数据交互。如图 4 - 15 所示。

图 4 - 15　模拟主站与配电自动化终端报文交互画面

二、FDR - 115 装置模拟主站参数配置

（1）打开 FDR - 115 装置模拟主站软件 DAT2UI.exe，进入【系统配置】，点击【基本参数】，设置【装置地址】为 1，与 FDR - 115 装置参数中的【装置地址】一致，【规约类型】为 H104 2002。

（2）点击【接口参数】，设置模拟主站【IP 地址】为 192.168.1.101，【端口号】为 2404，点击菜单栏中的【保存定值】。

（3）完成参数配置，弹出消息框，显示"召唤电能确认""电能量召唤结束"，打开【报文监视】窗口，显示启动链路报文、总召唤报文，表示模拟主站与配电自动化装置完成了通信链路建立，可以进行数据交互。

▶ 第四节 点 表 配 置

配电自动化二次设备采集各种信息后，比如电压、电流需要上送到配电自动化主站系统中。信息点表，即为各种设备采集的遥测、遥信、遥控和操作设备所定义的遥控、遥调的名称、定义及顺序列表，通过信息点表远方调控主站才能将现场一次设备各类信息理解正确。

本书采用的点表参照国网江苏省电力有限公司运维检修部印发关于《配电自动化终端（FTU、DTU、故障指示器）信息点表配置规范（试行)》的通知（电运检〔2018〕59号）进行讲解。

一、DTU 点表配置

（一）参数设置

系统参数中【IEC104数据获取方式】影响 IEC104 转发点表的生成，设为 0 表示点表由 device. cid 文件生成，设为 1 表示点表由 route. xml 文件生成，此处将该参数设为 1，如图 4 - 16 所示。

| 20 | IEC104连续上送控制字 | 1 | 0 | 1 | 1 |
| 21 | IEC104数据获取方式 | 1 | 0 | 5 | 1 |

图 4 - 16 点表生成方式相关参数设置

（二）点表配置

（1）依次点击【装置】－【文件召唤】，在 arp 中选取 route. xml 文件，【启动召唤】，并文件移至根目录下，如图 4 - 17 和 4 - 18 所示。

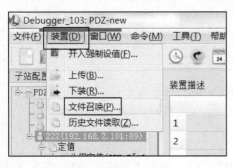

图 4 - 17 文件召唤

（2）依次点击【命令】－【生成三遥表】，在装置名称处右击【点表配置】，即可进入点表配置界面，根据给定点表选点配置，如图 4 - 19 和 4 - 20 所示。

（3）在点表界面左上角【文件】－【导出转发表】，更新 route. xml，如图 4 - 21 所示。

（4）依次点击【装置】－【下装】，选取更新后的 route. xml 文件，装置重启后新点表生效，如图 4 - 22 所示。

二、FTU 点表配置

工程现场可根据需要对上送点表进行配置，配置内容包括遥信、遥测、遥控点表，配置完成后可进行导出操作，后续相同配置点表采用导入方式，无需再次配置。

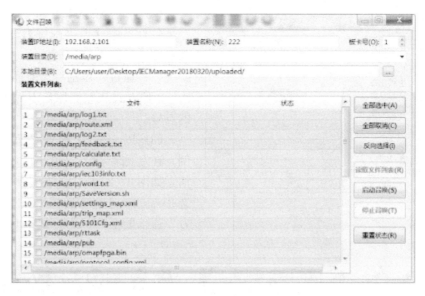

图 4 - 18　启动召唤

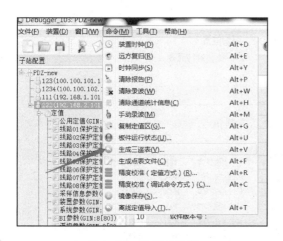

图 4 - 19　生成三遥表

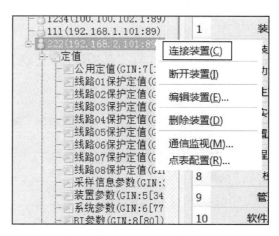

图 4 - 20　连接装置

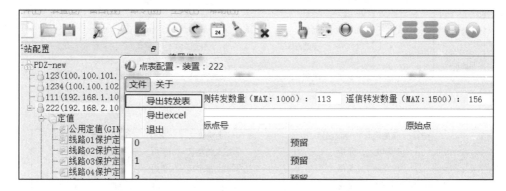

图 4 - 21　导出转发表

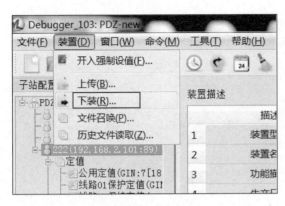

图 4-22 下装点表

（一）遥信点表配置

（1）点击【点表配置】，读取装置内部点表，如图 4-23 所示。

（2）通过"添加""前插入""后插入" 3 种方式从左侧原始点号中选取需要的点号。

（3）以 0x0004 配置"远方"遥信为例。在左侧原始点表中选中"远方"遥信，如图 4-24 所示。在右侧转发表中勾选 0x0003，选择"后插入"，即可将"远方"遥信配至 0x0004，如图 4-25 和 4-26 所示。

图 4-23 点表配置

		选择	遥信名称	原始位置
✏	1	☑	远方	1)一体化测控终端:1
	2	☐	手柄分闸	1)一体化测控终端:2
	3	☐	手柄合闸	1)一体化测控终端:3

图 4-24 配置"远方"遥信

		选择	信息地址	遥信名称	上送模式	属性	遥信取反	原表序号
全配-->>	1	☐	0x0001	备用	变位上送+SOE	单点	不取反	0
	2	☐	0x0002	备用	变位上送+SOE	单点	不取反	0
全删<<--	▶ 3	☑	0x0003	备用	变位上送+SOE	单点	不取反	0
	4	☐	0x0004	输入失电	变位上送+SOE	单点	不取反	11
默认-->>	5	☐	0x0005	备用	变位上送+SOE	单点	不取反	0
	6	☐	0x0006	电池活化	变位上送+SOE	单点	不取反	12
添加->	7	☐	0x0007	备用	变位上送+SOE	单点	不取反	0
	8	☐	0x0008	备用	变位上送+SOE	单点	不取反	0
前插入->	9	☐	0x0009	备用	变位上送+SOE	单点	不取反	0
	10	☐	0x000A	装置告警总	变位上送+SOE	单点	不取反	22
后插入->	11	☐	0x000B	备用	变位上送+SOE	单点	不取反	0
	12	☐	0x000C	备用	变位上送+SOE	单点	不取反	

图 4-25 插入前

		选择	信息地址	遥信名称	上送模式	属性	遥信取反	原表序号
	1	☐	0x0001	备用	变位上送+SOE	单点	不取反	0
	2	☐	0x0002	备用	变位上送+SOE	单点	不取反	0
▶	3	☐	0x0003	备用	变位上送+SOE	单点	不取反	0
	4	☐	0x0004	远方	变位上送+SOE	单点	不取反	1

图 4-26 插入后

（二）遥测点表配置

遥测点表配置界面如图 4-27 所示。其中，上送模式分为对变化遥测进行主动上送、不上送配置。上送类型分为带品质归一化值、带品质标度化值、浮点数、不带品质归一化值。转换系数为上送遥测值和测量值的比值，即上送遥测值=测量值×转换系数。

选择	遥测点名称	原始位置
☐	Ua	1)一体化测控终端:1
☐	Uc	1)一体化测控终端:2
☐	U0	1)一体化测控终端:3
☐	Ua相角	1)一体化测控终端:4
☐	Uc相角	1)一体化测控终端:5
☐	角差Uc-Ua	1)一体化测控终端:6
☐	压差Uc-Ua	1)一体化测控终端:7
☐	频率1	1)一体化测控终端:8
☐	频率2	1)一体化测控终端:9
☐	Ia	1)一体化测控终端:10
☐	Ib	1)一体化测控终端:11
☐	Ic	1)一体化测控终端:12
☐	3I0	1)一体化测控终端:13
☐	P	1)一体化测控终端:14
☐	Q	1)一体化测控终端:15
☐	S	1)一体化测控终端:16

全配->> 全删<<- 添加-> 前插入-> 后插入-> 删除<- 导入

	选择	信息地址	遥测名称	上送模式	上送类型	转换系数
▶ 1	☐	0x4001	备用	主动上送	13:浮点数	1
2	☐	0x4002	Ua	主动上送	13:浮点数	1
3	☐	0x4003	Uc	主动上送	13:浮点数	1
4	☐	0x4004	电池电压	主动上送	13:浮点数	1
5	☐	0x4005	备用	主动上送	13:浮点数	1
6	☐	0x4006	备用	主动上送	13:浮点数	1
7	☐	0x4007	备用	主动上送	13:浮点数	1
8	☐	0x4008	频率1	主动上送	13:浮点数	1
9	☐	0x4009	备用	主动上送	13:浮点数	1
10	☐	0x400A	Ia	主动上送	13:浮点数	1
11	☐	0x400B	Ib	主动上送	13:浮点数	1
12	☐	0x400C	Ic	主动上送	13:浮点数	1
13	☐	0x400D	3I0	主动上送	13:浮点数	1
14	☐	0x400E	P	主动上送	13:浮点数	1
15	☐	0x400F	Q	主动上送	13:浮点数	1
16	☐	0x4010	COS	主动上送	13:浮点数	1

图 4-27 遥测点表配置

（三）遥控点表配置

遥控点表配置界面如图 4-28 所示。其中，合开出编号、分开出编号与信息地址一一对应，不可设定为其他值。例如：对于遥控 1，合开出编号固定设定为 1，分开出编号固定设定为 2，依次类推。另外该版本的遥控点表必须全配，且不能进行顺序调换操作，需要通过配置信息地址匹配主站遥控点表。

选择	遥控点名称	原始位置
☐	遥控1	1)一体化测控终端:
☐	电池活化启动	1)一体化测控终端:
☐	远方复归指示灯	1)一体化测控终端:
☐	遥控软压板	1)一体化测控终端:
☐	装置重启	1)一体化测控终端:

全配->> 全删<<-

	选择	信息地址	遥控名称	合开出编号	分开出编号
▶ 1	☐	0x6002	遥控1	1	2
2	☐	0x6003	电池活化启动	3	4
3	☐	0x6005	远方复归指示灯	5	6
4	☐	0x6006	遥控软压板	7	8
5	☐	0x6007	装置重启	9	10

图 4-28 遥控点表配置

（四）关于点表配置中可能出现的问题及解决方法

（1）原始点表中的点号被配置过一次后会变成灰色，但是依然可以勾选并再次配置到右侧转发表，所以如果将重复的原始点位配置到右侧转发表，仅会上送点号小的那个，例如 0x0004 与 0x0005 都配置"远方"遥信，只会上送信息体地址为 0x0004 的遥信，如图 4-29 所示。

▶ 4	☐	0x0004	远方	变位上送+SOE	单点	不取反	1
5	☐	0x0005	远方	变位上送+SOE	单点	不取反	1

图 4-29 原始点位重复

（2）如果转发表中出现相同的信息体地址，例如把开关分位的信息体地址改为与开关合位相同，即 0x0015，那么转发的时候会转发序号较大的点位，即开关分位，开关合位将不会上送，如图 4 - 30 所示。

| 21 | ☐ | 0x0015 | 开关合位 | 变位上送+SOE ▼ | 单点 | 不取反 | 4 |
| 22 | ☐ | 0x0015 | 开关分位 | 变位上送+SOE ▼ | 单点 | 不取反 | 5 |

图 4 - 30　信息体地址重复

▶ 第五节　报　文　分　析

一、104 规约报文基本格式

104 规约报文有 3 种基本格式：

（1）不编号的控制功能格式（Unnumbered control function），简称 U-格式，用于链路启动、链路停止、链路检测。

（2）编号的监视功能格式（Numbered supervisory functions），简称 S-格式，用于向对端发送确认报文。

（3）编号的信息传输格式（Information Transmit Format），简称 I-格式，用于其余功能性报文。为防止报文丢失，设有收发序号。

二、初始化报文

通道建立成功后，由主站发起初始化过程。

（1）启动链路：【U 格式】

Send：68 04 07 00 00 00

（2）启动链路确认：【U 格式】

Recv：68 04 0B 00 00 00

（3）初始化结束：【I 格式】TI=70　SQ=1　COT=4

Recv：68 0E 00 00 00 00 46 01 04 00 01 00 00 00 00 00

三、总召唤报文

初始化报文结束后，由主站发起第一次总召，第一次总召过程不允许打断。

（1）总召激活：【I 格式】TI=100 COT=6 QOI=20

Send：68 0E 00 00 02 00 64 01 06 00 01 00 00 00 00 14

（2）总召激活确认：【I 格式】TI=100 COT=7 QOI=20

Recv：68 0E 02 00 02 00 64 01 07 00 01 00 00 00 00 14

（3）用户数据：【I 格式】TI=1 单点遥信 COS 首地址 0 COT=20 SQ=1，N=64

Recv：68 4D 04 00 02 00 01 C0 14 00 01 00 01 00 00 00 00 00 00 00 00 00 00 00 00
00 00 00 00 00 00 00 00 00 00 00 00 00 00 00 00 00 00 00 00 00 00 00 00
00 00 00 00 00 00 00 00 00 00 00 00 00 00 00 00 00 00 00 00 00 00 00 00

00 00 00 00 00 00 00 00

……

（4）总召结束：【I 格式】TI＝100 COT＝10 QOI＝20

Recv：68 0E 0C 00 02 00 64 01 0A 00 01 00 00 00 00 14

四、时钟同步报文

第一次总召结束后，由主站发起对时，第一次对时结束后开启定时对时，配电终端返回报文中的时间为对时完毕后装置当前时间，如图 4-31 所示。

Send: 68 14 02 00 02 00 67 01 06 00 01 00 00 00 00 23 B3 39 0F 38 08 0F
Recv: 68 14 0E 00 04 00 67 01 07 00 01 00 00 00 00 28 B3 39 0F 38 08 0F

毫秒　分 时 日 月 年

图 4-31　时钟同步报文

五、心跳报文

心跳测试过程用于在通道空闲时测试传输系统的链路连接状态，本细则设定：在完成初始化流程后 并且通道空闲时，进行心跳周期为 30s 一次的心跳测试过程。采用 U 帧长格式的报文进行通信。配电主站发送"TESTDT"（FC＝3）配电终端回复"确认"（FC＝3）。详细过程如图 4-32 所示。

报文举例：

Send：68 04 43 00 00 00

Recv：68 04 83 00 00 00

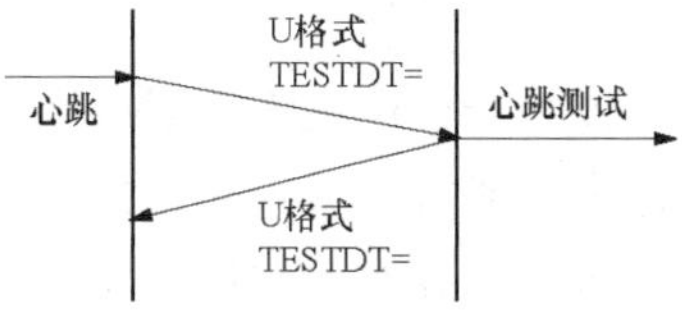

图 4-32　心跳报文

六、遥信报文

事件自发地产生于配电终端的应用层。需要进行特别说明的是，针对遥信变位的事件报告：配电终端发生一次状态变位事件后，配电主站在收到带时标的遥信报文后自动产生 TCOS 数据，配电终端向配电主站只需要传带时标的遥信报文。但是在响应配电主站总召唤时依然使用不带时标的全遥信报文，其他情况下一律只使用带时标的遥信报文。

遥信报文举例分析：

68 41 14 00 04 00 1E 05 03 00 01 00 2B 00 00 00 16 75 8A 0F 12 0A 13 2A 00 00 00 16 75 8A 0F 12 0A 13 17 00 00 01 3E 75 8A 0F 12 0A 13 16 00 00 00 46 75 8A 0F 12 0A 13 15 00 00 01 49 75 8A 0F 12 0A 13

其中，68 为报文起始位。

41 为报文长度，共 65 字节。

14 00 04 00 为控制域，14 00 为发送序号，04 00 为接收序号。

1E 为类型标识符，表示带时标的 SOE 报文。

05 为可变结构限定词，SQ＝0 表示不连续，NUM＝5 表示有 5 个遥信。

03 00 为传送原因，表示传送原因为突发。

01 00 为装置地址。

2B 00 00 为信息体地址，0x002B 即为反向闭锁遥信。

00 为信息元素，即反向闭锁遥信为 0。

16 75 8A 0F 12 0A 13 为时标。

2A 00 00 为信息体地址，0x002A 即为正向闭锁遥信。

00 为信息元素，即正向闭锁遥信为 0。

16 75 8A 0F 12 0A 13 为时标。

17 00 00 为信息体地址，0x0017 即为未储能遥信。

01 为信息元素，即未储能遥信为 1。

3E 75 8A 0F 12 0A 13 为时标。

16 00 00 为信息体地址，0x0016 即为开关分位遥信。

00 为信息元素，即开关分位遥信为 0

46 75 8A 0F 12 0A 13 为时标。

15 00 00 为信息体地址，0x0015 即为开关合位遥信。

01 为信息元素，即开关合位遥信为 1。

49 75 8A 0F 12 0A 13 为时标。

所以，这段报文的含义就是共有 5 个不连续的带时标的 SOE 上送，分别为反向闭锁＝0，正向闭锁＝0，未储能＝1，开关分位＝0，开关合位＝0。

七、遥控报文

遥控命令用来实现对一个可操作设备状态的改变。在配电自动化中，包括单点命令和双点命令。通常，单点命令用于控制单点信息对象，双点命令用于控制双点信息对象。

当终端处在遥控返校状态，不再接受任何遥控选择指令，返回否定确认。配电主站向配电终端发出"选择命令"（TI＝45/46，COT＝6，S/E＝1）报文，终端用"选择确认报文"（TI＝45/46，COT＝7，S/E＝1）回复主站。主站在收到终端确认报文后，主站将向终端发送"执行命令"TI＝46/47，COT＝6，S/E＝0）报文，终端立即用"执行确认命令"（TI＝45/46，COT＝7，S/E＝0）回答主站。当终端执行完遥控操作后，则向主站发送"执行结束命令"（TI＝45/46，COT＝10，S/E＝0）。

关于遥控执行过程特别做如下规定：同一个遥控点号同时只允许一个主站进行操作，遥控执行严格按照选择执行/撤销的过程执行，且只允许被选择一次，当同一个遥控点号选择之后再次接收到选择命令应当认为指令错误并恢复到未选择之前的初始状态，重新等待新的遥控选择指令开始新的遥控流程，遥控选择之后应该在规定的时间（默认 60s）内接收到遥控执行或者撤销命令，如果超时未收到遥控执行或撤销命令则选择状态失效，恢复到未选择之前的初始状态。

详细过程如图 4-33 所示。

遥控报文举例分析：

合闸的遥控选择（下行）：68 0E 16 00 52 00 2E 01 06 00 01 00 02 60 00 82

68 为报文起始位。

0E 为报文长度。

16 00 52 00 为控制域，16 00 为接收序号，52 00 为发送序号。

2E 为类型标识符，表示双点遥控。

01 为可变结构限定词，SQ=0，NUM=1。

06 00 为传送原因，表示激活。

01 00 为装置地址。

02 60 00 为信息体地址，即 0x6002。

82 为信息元素，表示遥控合闸预置。

合闸的遥控选择（上行）：68 0E 52 00 18 00 2E 01 07 00 01 00 02 60 00 82

68 为报文起始位。

0E 为报文长度。

52 00 18 00 为控制域，52 00 为接收序号，18 00 为发送序号。

2E 为类型标识符，表示双点遥控。

01 为可变结构限定词，SQ=0，NUM=1。

07 00 为传送原因，表示激活确认。

01 00 为装置地址。

02 60 00 为信息体地址，即 0x6002。

82 为信息元素，表示遥控合闸预置。

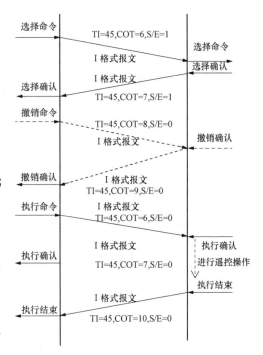

图 4-33 遥控执行过程

合闸的遥控执行（下行）：68 0E 22 00 6A 00 2E 01 06 00 01 00 02 60 00 02

68 为报文起始位。

0E 为报文长度。

22 00 6A 00 为控制域，22 00 为接收序号，6A 00 为发送序号。

2E 为类型标识符，表示双点遥控。

01 为可变结构限定词，SQ=0，NUM=1。

06 00 为传送原因，表示激活。

01 00 为装置地址。

02 60 00 为信息体地址，即 0x6002。

02 为信息元素，表示遥控合闸执行。

合闸的遥控执行（下行）：68 0E 6A 00 24 00 2E 01 07 00 01 00 02 60 00 02

68 为报文起始位。

0E 为报文长度。

6A 00 24 00 为控制域，6A 00 为接收序号，24 00 为发送序号。

2E 为类型标识符，表示双点遥控。

01 为可变结构限定词，SQ=0，NUM=1。

07 00 为传送原因，表示激活确认。

01 00 为装置地址。

02 60 00 为信息体地址，即 0x6002。

02 为信息元素，表示遥控合闸执行。

八、遥测报文

遥测报文举例分析：

68 1A 0E 00 04 00 0D 02 03 00 01 00 0A 40 00 08 69 A6 3F 00 0D 40 00 12 6A A6 3F 00

其中，68 为报文起始位。

1A 为报文长度，1A＝26 字节。

0E 00 04 00 为控制域，0E 00 为接收序号，04 00 为发送序号。

0D 为类型标识符，表示带品质的浮点值。

02 为可变结构限定词，SQ＝0 表示遥测值不连续，NUM＝2 表示有 2 个遥测值。

03 00 为传送原因，表示传送原因为突发。

01 00 为装置地址。

0A 40 00 为信息体地址，0x400A 即为 A 相电流。

08 69 A6 3F 为具体遥测值，经过计算为 1.3A。

00 为品质描述位。

0D 40 00 为第二个信息体地址，0x400D 即为零序电流。

12 6A A6 3F 为具体遥测值，经过计算为 1.3A。

00 为品质描述位。

九、104 收发序列号

发送序列号 N（S）和接收序列号 N（R）的使用与 ITU‐T X.25 定义的方法一致。两个序列号在每个 APDU 和每个方向上都应按顺序加一。

发送方增加发送序列号而接收方增加接收序列号。当接收站按连续正确收到 APDU 的数字返回接收序列号时，表示接收站认可这个 APDU 或者多个 APDU。发送站把一个或几个 APDU 保存到一个缓冲区里直到它将自己的发送序列号作为一个接收序列号收回，而这个接收序列号是对所有数字小于或等于该号的 APDU 的有效确认，这样就可以删除缓冲区里已正确传送过的 APDU。

如果更长的数据传输只在一个方向进行，就得在另一个方向发送 S 格式，在缓冲区溢出或超时前认可 APDU。这种方法应该在两个方向上应用。在创建一个 TCP 连接后，发送和接收序列号都被设置成 0。

注：为了保证通信的兼容性，接收方在接收数据时只检查接收序列号，发送序列号不予检查。

Recv：68 0E 00 00 02 00 64 01 06 00 01 00 00 00 00 00 14

Send：68 0E 02 00 02 00 64 01 07 00 01 00 00 00 00 00 14

Send：68 4D 04 00 02 00 01 C0 14 00 01 00 01 00 00……

Send：68 4D 06 00 02 00 01 C0 14 00 01 00 01 00 41 00……

Send：68 13 08 00 02 00 01 86 14 00 01 00 81 00 00 00 00 01

Send：68 85 0A 00 02 00 09 A8 14 00 01 00 01 40 00……

Recv：68 04 01 00 0C 00

Send：68 0E 0C 00 02 00 64 01 0A 00 01 00 00 00 00 14

Recv：68 14 02 00 0E 00 67 01 06 00 01 00 00 00 00 C9 26 17 0F 16 0B 11

Send：68 14 0E 00 04 00 67 01 07 00 01 00 00 00 00 B9 29 17 0F 76 0B 11

十、104 计数及超时

当未确认 I 格式 APDU 达到 k 个时，发送方停止传送。如果 t1 超时仍未收到 DTE 确认，则重启链路。发送 I 帧时，启动计数及 t1 计时，若本端发送 k 帧，对端无 S 帧确认，则本端停止发送报文，此时 t1 计时继续，若超过 t1 时间仍未收到 S 帧，则重启链路。w 是接收方最大接收到不确认 I 格式的报文数量。一般接收到 w 个以下 I 格式报文就需给发送方确认。

每次建立连接时，RTU 都调用 socket 的 listen（ ）函数进行侦听，主站端调用 socket 的 connect（ ）函数进行连接，超时时间定义如表 4 - 1 所示。

表 4 - 1　　　　　　　　　　　　　　　超时时间定义

参数	设定值	备注
t0	30s	建立连接的超时
t1	15s	发送或测试 APDU 的超时
t2	10s	无数据报文时确认的超时，t2＜t1
t3	20s	长期空闲状态下发送测试帧的超时

如果在 t0 时间内未能成功建立连接，可能网络发生了故障，主站端应该向运行人员给出警告信息。

t1 规定发送方发送一个 I 格式报文或 U 格式报文后，必须在 t1 的时间内得到接收方的认可（S 帧），否则发送方认为 TCP 连接出现问题并应重新建立连接。

t2 规定接收方在接收到 I 格式报文后，若经过 t2 时间未再收到新的 I 格式报文，则必须向发送方发送 S 格式帧已经接收到的 I 格式报文进行认可，显然 t2 必须小于 t1。

t3 规定调度端或子站 RTU 端每接收一帧 I 帧、S 帧或者 U 帧将重新触发计时器 t3，若在 t3 内未接收到任何报文，将向对方发送测试链路帧 TESTFR。

十一、远程参数定值读写

读取远程参数过程和参数远程修改过程分别如图 4 - 34 和图 4 - 35 所示。

下行 15：23：20.616（15 字节）68 0D 06 00 1C 00 C9 01 06 00 01 00 00 00 00//读当前定值区号

上行 15：23：20.638（21 字节）68 18 1C 00 08 00 C9 01 07 00 01 00 00 00 00 00 00 00 01 00 00 00 00 00 00 //读当前定值区号

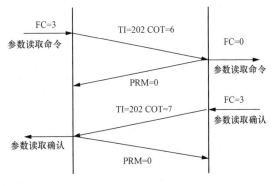

图 4 - 34　读取远程参数过程

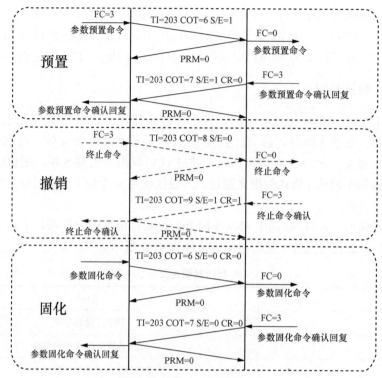

图 4 - 35　修改远程参数过程

下行 15：23：28.612（23 字节）68 15 08 00 1E 00 CA 03 06 00 01 00 00 00 00 09 80 00 20 80 00 21 80 00 //读多个定值

上行 15：23：28.648（62 字节）68 3C 1E 00 0A 00 CA 03 07 00 01 00 00 00 00 09 80 00 04 18 46 33 30 30 45 30 37 30 31 30 31 30 32 30 31 37 30 35 31 35 30 39 35 34 20 80 00 26 04 D2 CC 4C 3D 21 80 00 26 04 02 D7 A3 3C //读多个定值

上行 15：23：38.646（6 字节）68 04 01 00 0A 00

下行 15：23：42.986（33 字节）68 1F 0A 00 20 00 CB 02 06 00 01 00 00 00 80 20 80 00 26 04 0A D7 A3 3C 21 80 00 26 04 8F C2 F5 3C //写多个定值

上行 15：23：43.033（33 字节）68 1F 20 00 0C 00 CB 02 07 00 01 00 00 00 80 20 80 00 26 04 0A D7 A3 3C 21 80 00 26 04 8F C2 F5 3C //写多个定值

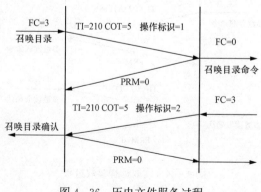

图 4 - 36　历史文件服务过程

十二、历史文件服务

历史文件服务主要包括上送定点、极值、SOE 记录、遥控记录、日志、故障录波等文件，如图 4 - 36 所示。

下行：68 2F 12 00 2A 00 D2 01 05 00 01 00 00 00 00 02 01 07 00 00 00 00 0C 48 49 53 54 4F 52 59 2F 55 4C 4F 47 00 00 00 00 00 01 01 46 00 00 00 00 01 01 46//文件服务 读目录

上行：68 2B 2A 00 14 00 D2 81 05 00 01 00 00 00 00 02 02 00 07 00 00 00 00 01 08 55 6C 6F 67 2E 6D 73 67 00 AB 09 00 00 10 A4 30 14 B0 06 11 //文件服务 目录信息

上行：68 04 2C 00 14 00

下行：68 18 14 00 2C 00 D2 01 06 00 01 00 00 00 00 02 03 08 55 6C 6F 67 2E 6D 73 67 //文件服务

上行：68 21 2C 00 16 00 D2 01 07 00 01 00 00 00 00 02 04 00 08 55 6C 6F 67 2E 6D 73 67 00 00 00 00 AB 09 00 00 //文件服务 确认读文件

上行：68 AF 2E 00 16 00 D2 01 05 00 01 00 00 00 00 02 05 00 00 00 00 00 00 00 00 01 46 33 30 30 45 30 37 30 31 31 31 30 32 30 31 37 30 35 31 35 30 39 35 34 2C 30 30 34 31 ……// 文件服务 读文件数据传输

下行：68 18 16 00 50 00 D2 01 05 00 01 00 00 00 00 02 06 00 00 00 00 AB 09 00 00 00 // 文件服务读文件数据传输的确认

十三、遥信报文异常处理机制

为保证事件不丢失，所有事件必须得到主站的确认（上送遥信报文后收到配电主站 S 帧确认视为主站确认），否则将事件进行缓存，缓存遥信条数不超过 256 条，超出 256 条遥信则循环覆盖最早的遥信数据，待通信恢复正常后重新上送未被确认的事件，未被确认的事件应该在通信重新建立链路后重复上送，直至被确认才清除缓存遥信。

如果终端掉电重启后则事件清空，无需再补充上送。主要异常场景有如下几个方面：

（1）遥信报文在通信通道传输出错，遥信报文丢失而未到达主站。

（2）遥信报文前一帧数据报文丢失，导致主站收到遥信报文时检查序列号出错而丢弃遥信报文。

（3）主站确认报文在通信通道传输出错，遥信报文丢失而未到达终端。

（一）遥信报文异常场景 1：上行数据报文丢失

如果遥信报文在传送过程中由于某种错误而丢失，主站无法接收到遥信变位信息，此时当终端向主站发出下一帧 I 格式报文数据后，配电主站将发现终端报文序列号出错，此时主站关闭通道并进行重连，重连成功后依次进行初始化和总召唤过程，以上过程完成后配电终端将缓存的遥信数据重新上送，直到收到配电主站的 S 帧确认后才清除缓存数据。如图 4-37 所示。

（二）遥信报文异常场景 2：序列号出错

如果遥信报文在传送过程中由于上一帧报文出现某种错误而丢失，配电主站在接收到遥信报文后将发现终端报文序列号出错，此时主站关闭通道并进行重连，重连成功后依次进行初始化和总召唤过程，以上过程完成后配电终端将缓存的遥信数据重新上送，直到收到配电主站的 S 帧确认后才清除缓存数据。如图 4-38 所示。

（三）遥信报文异常场景 3：K 值超限

如果遥信报文在传送过程中由于某种错误而导致主站回复的 S 帧报文丢失，配电终端将继续发送剩下的数据，直到 K 值等于 12 后停止发送。此时等待 t1 超时，t1 超时后配电终端将关闭 TCP 连接，此时主站进行重连，重连成功后依次进行初始化和总召唤过程，以上过程完成后配电终端将缓存的遥信数据重新上送，直到收到配电主站的 S 帧确认后才清除缓存数据。如图 4 - 39 所示。

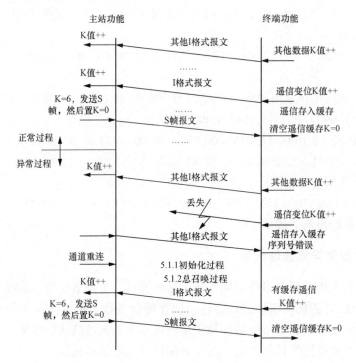

图 4 - 37 遥信异常场景（一）

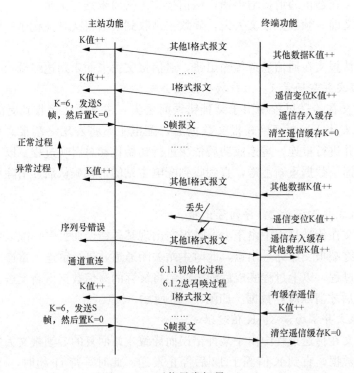

图 4 - 38 遥信异常场景（二）

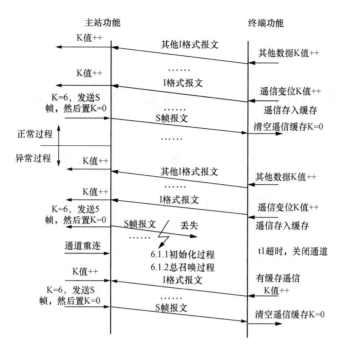

图 4-39 遥信报文场景 3：K 值超限

第五章　典型故障及消缺方法

▶ 第一节　DTU 典型故障及消缺方法

本节将以南瑞 PZD920 装置为例，介绍 DTU 典型故障现象及缺陷处理方法。

一、电源故障

配电终端设备的可靠性和自动化程度直接影响到配电自动化系统的可靠性和安全性，可靠的工作电源更是配电自动化安全运行的基础。配电自动化运维工作中，电源故障通常体现在交流电源故障失电、后备电源故障失电、装置电源失电、操作电源失电、终端通信失败设备离线等几个方面，本节将以南瑞 PZD920 装置为例，介绍 DTU 常见电源故障现象及缺陷处理方法。

（一）交流电源失电

配电终端柜一般要求配备两路不同来路交流电源和一路直流蓄电池电源，经过单独的电源模块转换电压后供屏内各设备使用。两路交流输入电源可称为工作电源（简称主电）、备用电源（备电），本节以两路交流电源同时失电为例阐述消缺方法。两路交流电源失电初期会使蓄电池一直处于放电状态，"蓄电池活化"信号常为 1，电源模块"活化"指示灯常亮，直至蓄电池电量耗尽，设备断电离线，因此交流电源失电后果严重，需快速排查缺陷并及时消除。

交流电源失电典型现象有：

（1）电源模块"故障"灯常亮。

（2）调试软件中遥信 49 备电欠压、遥信 51 主电欠压均为"1"。

消缺步骤如下：

（1）检查确认主电、备用电源输入端子排处电压是否正常，若异常则需检查上级电源。

（2）检查电源空气开关 AK1、AK2 输入输出电压是否正常。

（3）检查确认电源模块两路交流电输入端子 4n—1/2、4n—4/5 是否正常。

（二）后备电源失电

为保证智能终端柜在外部交流失电时终端能继续工作，柜内配备一组 48V 24Ah 直流蓄电池组。在交流电源供电不足或消失时，电源模块把交流电源供电无缝切换为后备电源供电，保证装置可靠运行。在配电自动化运维工作中需要保证后备电源正常工作，并能够自动或遥控进行电池活化以保证其使用寿命。

后备电源失电典型现象有：

（1）面板显示灯上"电池欠压"指示灯点亮。

（2）交流失电时，两路交流全部失电瞬间，柜内各装置失电重启。

（3）遥控执行电池活化时，装置失电重启。

（4）调试软件中遥信 50 电池欠压遥信为"1"。

消缺步骤如下：

（1）检查后备电源空气开关 DK 输入、输出是否有电压，是否为 DC48V。

（2）检查确认电源模块直流电源输入 4n-15/16 是否有电压，是否为 DC48V。

（三）装置电源失电

装置电源指 DTU 核心单元背板处的供电电源，从电源模块 24V 输出，经过空气开关 1K 后接至 DTU 核心单元 1003、1004，接至核心单元之前分支出遥信电源，为遥信回路提供 24V 电源。

装置电源失电典型现象有：

（1）核心单元面板显示灯全灭。

（2）DTU 核心单元不启动，无法进行监视、调试工作。

（3）若涉及遥信电源，会造成设备信号指示灯全灭。

消缺步骤如下：

（1）检查确认电源模块 4n-19、4n-21 处是否有电压输出，是否 DC24V。

（2）检查端子排 DD1、DD3 处电压输入输出是否正常。

（3）检查空气开关 1K 输、入输出电压是否正常。

（4）检查核心单元供电电源 1n1003、1004 输入是否正常。

（四）操作电源失电

操作电源指开关机构电动操作的供电电源，它从电源模块 48V 输出，经过操作电源空气开关 CK 后接至 DTU 端子排 KD1、KD5，再接至开关柜二次仓操作电源接入端。

操作电源失电典型现象有：

（1）开关柜面板上"开关分位""开关合位"指示灯全灭。

（2）开关无法进行本地电动操作。

消缺步骤如下：

（1）检查确认电源模块 4n-17、4n-18 处是否有电压输出，是否 DC48V。

（2）检查端子排 DD5、DD6 处电压输入、输出是否正常。

（3）检查空气开关 CK 输入、输出电压是否正常。

（4）检查端子排出 KD1、KD5 处电源输入、输出是否正常。

（5）检查开关柜二次仓操作电源端子排处输入电压是否正确。

（五）其他问题

为保证设备及人身安全，屏柜内设置了多路空气开关，当相应二次回路或设备短路时快速动作切除电源。当发生空气开关跳闸后不得试送，应确认回路良好后才能合上开关恢复送电，防止二次伤害或电源越级跳闸。运维工作通常在上电前电源回路检查正常后才准许上电来严防此类故障。

电源回路短路故障消缺方法：

（1）断开电源模块外部回路，单独测试电源模块内部回路有无短路，如有短路则需立即更换电源模块。

（2）断电后用万用表"蜂鸣挡"或"电阻挡"检查电压空气开关有无短路，如有短路则需立即更换空气开关。

（3）用万用表"蜂鸣挡"分别检查交流电源、直流电源回路线路中是否有短路故障，如发现线路中存在短路现象，应立即定位并消除缺陷。

二、通信故障

（一）调试软件无法连接

调试软件无法连接，首先应该观察电脑及终端网卡指示灯，确保连接网线、电脑工作正常。然后检查调试用电脑网络配置情况，包括防火墙、IP 地址等。要求关闭本机防火墙，电脑与终端装置在同一 IP 网段内。如果无法确认终端 IP 地址，可以用超级用户连入终端后台，步骤如下：

（1）打开 SSH 软件，点击【Quick Connect】，弹出软件连接界面，如图 5-1 所示。

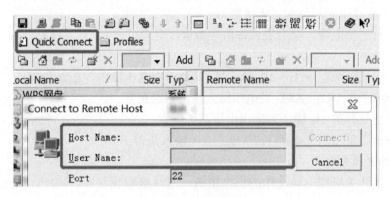

图 5-1　软件连接界面

（2）主机地址采用 PDZ920 装置内置 IP：192.168.0.19；用户名为"root"，点击【Connect】，窗口左下角显示"connecting to 192.168.0.19"，等待连接装置。如图 5-2 所示。

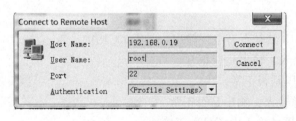

图 5-2　账号登录界面

（3）弹出小窗口，输入密码。

（4）窗口输入命令"ifconfig"，会显示装置所有 IP 地址。

（二）模拟主站无法连接

模拟主站是在自动化装置本地调试阶段，代替主站对现场进行监视与控制的软件，调试过程中如果调试软件保持正常连接，而模拟主站与自动化装置无法正常连接，可检查以下配置：

（1）【装置参数】装置地址：模拟主站配置与之保持一致。

（2）【装置参数】网口 0 规约号：因主站采用 104 规约，所以固定选择 IEC104。

（3）【装置参数】遥控加密标志：1—软加密（报文加密），2—硬加密（芯片加密），在调试过程中需设置为 0（不加密）。

（4）【装置参数】访问控制使能：0—不判主站地址，1—判主站地址，为方便调试，常配置为 0。

（5）【系统参数】IEC104 连续上送控制字：0—总召信息体地址不连续，1—总召信息体地址连续，调试时需设置为 1。

（6）【系统参数】IEC104 数据获取方式：影响 IEC104 转发点表生成。0—由 device. cid 文件生成，1—由 route. xml 文件生成。目前接触的场景均采用 route. xml 文件生成转发数据，故此处需设置为 1。如图 5 - 3 所示。

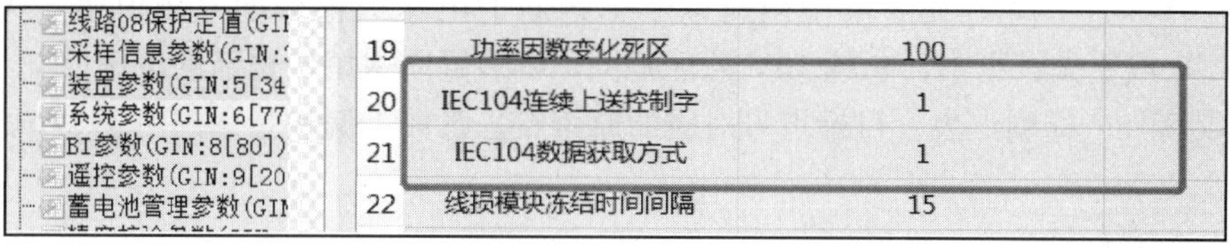

	线路08保护定值(GI]		19	功率因数变化死区	100
	采样信息参数(GIN:)		20	IEC104连续上送控制字	1
	装置参数(GIN:5[34		21	IEC104数据获取方式	1
	系统参数(GIN:6[77		22	线损模块冻结时间间隔	15
	BI参数(GIN:8[80])				
	遥控参数(GIN:9[20				
	蓄电池管理参数(GIN				

图 5 - 3 IEC104 数据获取方式修改界面

（7）【模拟主站－基本参数】装置地址：模拟主站与装置参数设置保持一致。

（8）【模拟主站－接口参数】：模拟主站与装置保持一致。

检查确认上述配置正确，如有问题需要及时修正，等待装置重新启动后尝试重连模拟主站。

三、遥测故障

遥测是应用通信技术将远方电工设备的电气参数测量值传输到主站端（调度端）。遥测数据内容包括变（配）电站主变压器及母线有功功率、无功功率，各侧电流、电压、相位、频率、电量，配电线路电流、电量等。在配电自动化运维工作中，本地遥测调试是非常重要的一环，它影响到线路投运后主站对现场运行情况监视的有效性和保护功能的可靠性、灵敏性。下面介绍本地调试遥测回路检查的具体步骤。

步骤 1：外接电压电流线。外接电流线至环网柜二次仓电流端子，外接电压线至 DTU 电压端子排。

步骤 2：继电保护测试仪测试。利用继电保护测试仪输出标准电压、电流量，为方便排查回路和软件配置的缺陷，此处建议加三相不同电压、电流量。

步骤 3：核对显示测量值。在 IEC Manager 核对电压、电流、相角、功率数值，如与外加量一致则正确，不一致需查找缺陷。在 PDZ800 模拟主站核对电压、电流、相角、功率数值，如与理论值一致则正确，不一致需查找缺陷。

遥测的影响因素包括软件、硬件两大方面，在遥测回路原理部分已详细讲述硬件回路知识，此处不再赘述，下面列出影响遥测正确性的软件因素。

影响因素 1：采样信息参数。AC 板个数、通道数、保护线路条数、通道属性配置、电压组别号均需要正确配置，与现场实际设备一致。

注意：通道属性配置定义了通道对应采集哪个模拟量，如果重复配置某个模拟量，会使装置检测错误导致装置闭锁。

影响因素 2：系统参数。零漂、死区及死区零漂。

零漂：零点偏移，即在输入电压或电流量为 0 时，输出值偏离零值的变化，为了排除零漂的影响，装置可以整定零漂阈值，如电流零漂定值为 10 时，计算得电流零漂值为 0.005，即装置采集到 [0, 0.005A] 电流值时，认为是零漂，将其换化为 0，显示电流值为 0，现场可根据实际情况或定值单整定零漂定值。

变化死区：为了减少上送主站的数据量、减轻通信压力，装置有越死区传送的功能，即只有在模拟量变化超过死区值时，才会将新的模拟量上送主站。如电压变化死区 10000，计算得到电压变化死区为 10V，即装置上送主站的电压值为 80V，状态变化后电压值由 80V 变化至 [70V，90V]，在死区范围内所以不上送新的电压数值，如电压值由 80V 变化至 71V、91V，或更大、更小，超越 10V 死区范围，则装置向主站传送新的电压值。

影响因素 3：遥测点表。目标点号对应的原始点、系数、偏移量、遥测类型，均需配置正确。

（一）遥测无电流

遥测无电流故障指全部间隔或某个间隔的遥测电流全部为 0。实际工作现场发现电流回路出现故障，要防止 TA 开路造成人身和设备损坏。第一时间应用钳型电流表检查 TA 回路。遥测无电流缺陷原因分析：

（1）所有相线虚接或间隔电流回路 N 线虚接。

（2）【采样信息参数－AC 板个数】或【采样信息参数－AC 板通道数】配置错误。

（3）【采样信息参数－通道属性】配置错误。

（4）【系统参数－电流零漂死区】或【系统参数－电流零漂】数值过大。

（5）【遥测点表－点号】或【遥测点表－转发系数】配置错误。

（6）遥测板件或 CPU 板件故障。

遥测无电流缺陷消缺方法：

（1）检查所有可能引起该缺陷的软件参数配置是否正确。

（2）解开试验线，用万用表"蜂鸣挡"测量间隔 N 线、相线是否存在虚接，定位并消除缺陷。

（3）遥测板采集到的电流经由遥测板件送至 CPU 板件进行处理，若检查确认外部回路无缺陷时应考虑板件故障，更换板件或用相邻板件替换测试。

（二）遥测电流缺相

遥测电流缺相故障指开关间隔单相或两相遥测电流值为 0，而其他相显示正确遥测电流值。在自动化运维工作中，诸多方面因素都会造成此类故障现象。

遥测电流缺相原因分析：

（1）间隔电流回路某单相、两相相线虚接线，错接线。

（2）【采样信息参数－通道属性】配置错误。

（3）【系统参数－电流零漂死区】或【系统参数－电流零漂】数值过大。

（4）【遥测点表－点号】配置错误，或【遥测点表－转发系数】为 0。

（5）遥测板件或 CPU 板件故障。

消缺步骤如下：

（1）检查所有可能引起该缺陷的软件参数配置是否正确。

（2）解开试验线，用万用表"蜂鸣挡"测量存在缺陷的相线是否有虚接线、错接线问题，定位并消除缺陷。

（3）遥测板采集到的电流经由遥测板件送至 CPU 板件进行处理，检查确认外部回路无缺陷时应考虑板件故障，应更换板件。

（三）遥测电流值错误

遥测电流值错误缺陷是指遥测有电流，但主站显示某相或某几相电流值与实际电流值不同。

遥测电流值错误原因分析：

（1）电流回路错接线。

（2）电流回路相线间、相线与 N 线间有短路。

（3）【采样信息参数－通道属性】配置错误，如应配置 01 线路 A 相电流的通道与 01 线路 B 相电流的通道属性配反，导致 A 相、B 相电流值与实际电流值不同。

（4）【遥测点表－点号】配置错误，或【遥测点表－转发系数】配置错误。

（5）装置采样精度不正确，采样后不能够显示正确电流值。

（6）遥测板件或 CPU 板件故障。

消缺步骤如下：

（1）检查上述可能引起该缺陷的软件参数配置是否正确。

（2）接通试验线，外加电流量时使用数字钳形电流表在电流采样回路各节点测量故障相电流值，定位硬件回路的故障点并排除故障。

（3）如果板件节点处电流输入值正确，而软件显示电流值偏差大于遥测允许偏差，考虑是装置采样精度不正确，应外接标准电源进行精度校准。

（4）遥测板采集到的电流经由遥测板件送至 CPU 板件进行处理，若检查确认外部回路无缺陷时需要考虑板件故障，可更换板件排除。

（四）遥测无电压

以 PDZ920 为例，该装置分别采集两段母线的两个线电压和一个零序电压，故障现象"遥测无电压"系指主站显示所有电压值为 0。在配电站中 TV 电压常为几个间隔共用，消缺时注意采取安全措施，防止短路，防止电压相关保护误动作。

遥测无电压缺陷原因分析：

（1）所有线电压回路接线有虚接或电压回路空气开关断开。

（2）【采样信息参数－AC 板个数】或【采样信息参数－AC 板通道数】配置错误。

（3）【采样信息参数－通道属性】配置错误。

（4）【系统参数－电压零漂死区】或【系统参数－电压零漂】数值过大。

（5）【遥测点表－点号】或【遥测点表－转发系数】配置错误。

（6）遥测板件或 CPU 板件故障。

遥测无电压缺陷消缺方法：

（1）检查所有可能引起该缺陷的软件参数配置是否正确。

（2）检查确认电压回路空气开关处于"合位"，输入、输出电压正常。

（3）解开试验线，用万用表"蜂鸣挡"测量电压回路接线是否存在虚接，定位并消除缺陷。

（4）遥测板采集到的电压经由遥测板件送至 CPU 板件进行处理，若检查确认外部回路无缺陷时应考虑板件故障，更换板件处理。

（五）遥测电压缺相

遥测电压缺相故障指开关间隔单个或两个线电压或零序电压值为 0，而其他电压量显示正确遥测电压值。在自动化运维工作中，诸多方面因素都会造成此类故障现象。

遥测电压缺相原因分析：

（1）母线电压回路某单条、两条电压线路虚接线，错接线。

（2）【采样信息参数－通道属性】配置错误。

（3）【系统参数－电压零漂死区】或【系统参数－电压零漂】数值过大。

（4）【遥测点表－点号】配置错误，或【遥测点表－转发系数】为0。

（5）遥测板件或CPU板件故障。

消缺步骤如下：

（1）检查所有可能引起该缺陷的软件参数配置是否正确。

（2）解开试验线，用万用表"蜂鸣挡"测量电压回路接线是否存在虚接，定位并消除缺陷。

（3）遥测板采集到的电压经由遥测板件送至CPU板件进行处理，若检查确认外部回路无缺陷时应考虑板件故障，应更换遥测板件。

（六）遥测电压错误

遥测电压值错误缺陷是指遥测有电压，但主站显示单个或几个线电压值或零序电压值与实际电压值不同。遥测电压值错误原因分析：

（1）电压回路错接线。

（2）【采样信息参数－通道属性】配置错误，如应配置I母电压Uab的通道与I母电压Ubc的通道属性配反，导致线电压Uab、Ubc数值与实际电压值不同。

（3）【遥测点表－点号】配置错误，或【遥测点表－转发系数】配置错误。

（4）装置采样精度不正确，采样后不能够显示正确电压值。

（5）遥测板件或CPU板件故障。

消缺步骤如下：

（1）检查上述可能引起该缺陷的软件参数配置是否正确。

（2）接通试验线，外加电压量时使用万用表交流电压挡在电压采样回路各节点测量故障相电压值，定位硬件回路的故障点并排除故障。

（3）如果板件节点处电压输入值正确，而软件显示电流值偏差大于遥测允许偏差，考虑是装置采样精度不正确，应外接标准电源进行精度校准。

（4）遥测板采集到的电压量经由遥测板件送至CPU板件进行处理，检查确认外部回路无缺陷时需要考虑板件故障，测试确认后应更换遥测板件。

（七）其他问题

除上述电压、电流故障典型缺陷外，DTU采集现场有功功率、无功功率、功率因数等也可能会出现异常。

遥测有功功率、无功功率、功率因数错误原因分析：

（1）电压异常或电流异常。

（2）电压或电流相序错误。

（3）软件参数配置错误。

（4）CPU板件故障造成功率或功率因数计算错误。

消缺步骤如下：

（1）用万用表交流电压挡检查电压是否正常，如有异常，按照上述的电压异常解决方案。

（2）用钳形电流表检查电流是否正常，如有异常，按照上述的电流异常解决方案。

（3）电压、电流相序的异常，可用相位表检查，单从电压、电流数值上无法判断，当有功、无功、功率因数显示出异常状况时，需要根据绝对相角来检查外部接线是否有相序错误的情况。新设备投运后必须用相位表核对现场设备和配调主站系统相关遥测量。

（4）检查上述可能引起该缺陷的软件参数配置是否正确。

（5）装置内的有功、无功、功率因数计算由 CPU 板件处理，如果回路接线均正常，考虑板件故障，检测后更换 CPU 板件。

四、遥信故障

遥信是一种状态信息，它反映断路器、隔离开关、接地开关等位置的状态信息和过流、过负荷等各种保护信息，根据其产生原理可分为实遥信和虚遥信。实遥信通常由电力设备的辅助接点提供，辅助接点的开合直接反映该设备的工作状态，是硬（件）遥信；虚遥信通过测控终端根据采集数据经计算后触发，一般反映设备保护信息、异常信息等，可认为是软（件）遥信。遥信调试方法如下：

实遥信本地调试：实遥信本地调试需在环网柜柜体做开关合位、分位、接地开关合位、开关远方等传动试验，观察指示灯、面板指示灯是否正确显示，在 IEC Manager、模拟主站分别观察对应遥信变位情况。DTU 柜体处做公共遥信变位试验，在面板指示灯、IEC Manager、模拟主站处观察对应遥信是否正确变位。

虚遥信本地调试：根据定值单设置终端的保护定值，包括过流保护、过压保护、故障检测时间、零序保护、复归方式、复归时间等，再利用继电保护测试仪输入电压或电流量，对终端设备施加故障量测试，所加的电流、电压量必须满足保护动作定值，维持时间必须大于故障检测时间。在装置屏幕、调试软件、模拟主站处查看所测试的虚遥信是否正确，再将所加交直流电压/电流值调至保护不动作定值，后台观察相应的虚遥信是否按设定的复归方式、复归时间复归。

遥信的影响因素包括软件、硬件两大方面，在遥信回路原理部分已详细讲述硬件回路知识，此处不再赘述，下面列出影响遥测正确性的软件因素。

影响因素 1：BI 参数——遥信去抖时间。

去抖时间过长会导致对应遥信变位后，装置采集长时间不变化；去抖时间过短会导致产生误遥信，影响判断。现场调试需根据定值单整定去抖时间，若无要求可整定 200ms 左右。遥信去抖时间参数设置界面如图 5-4 所示。

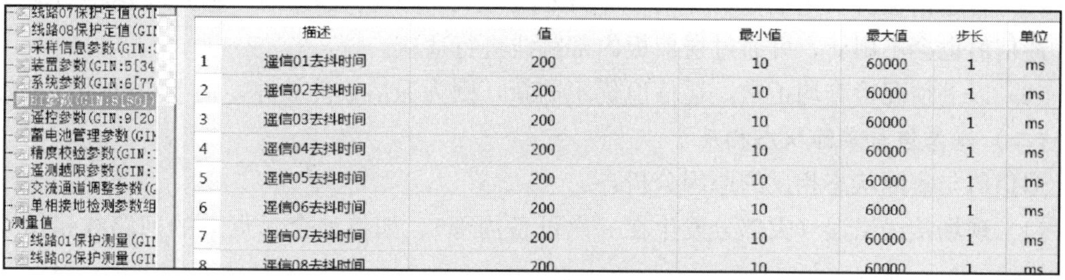

	描述	值	最小值	最大值	步长	单位
1	遥信01去抖时间	200	10	60000	1	ms
2	遥信02去抖时间	200	10	60000	1	ms
3	遥信03去抖时间	200	10	60000	1	ms
4	遥信04去抖时间	200	10	60000	1	ms
5	遥信05去抖时间	200	10	60000	1	ms
6	遥信06去抖时间	200	10	60000	1	ms
7	遥信07去抖时间	200	10	60000	1	ms
8	遥信08去抖时间	200	10	60000	1	ms

图 5-4　遥信去抖时间参数设置界面

影响因素2：BI参数——功能遥信号正确配置。

点位配置错误会影响功能遥信的正常功能。

影响因素3：BI参数——开关起始遥信号。

开关起始遥信号影响双位置遥信，即如果起始遥信号为1，则遥信01、遥信02合成双位置遥信，如果错误配置成2，则遥信02、遥信03合成双位置遥信，得到错误的双位置遥信。开关起始遥信号配置界面如图5-5所示。

开关01起始遥信号	1	1	255	1
开关02起始遥信号	7	1	255	1
开关03起始遥信号	13	1	255	1
开关04起始遥信号	19	1	255	1
开关05起始遥信号	25	1	255	1

图5-5　开关起始遥信号配置界面

影响因素4：遥信点表，目标点号对应的原始点需配置正确，正、负极性根据需求选择。

遥信常见的异常有以下几种常见现象。

（一）终端遥信不刷新

终端遥信不刷新故障指一次设备状态发生变化，但DTU未接收到遥信点变化信号。终端遥信不刷新故障原因分析：

（1）遥信电源异常。

（2）终端通信中断。

（3）遥信值被人工置数。

（4）遥信板件异常。

消缺步骤：

（1）检查遥信电源空气开关是否合上，空气开关断开时，装置上的遥信均为0，无法采集到信号。空气开关合上后，用万用表直流挡测量遥信电源电压是否正常。

（2）若所有遥信都不刷新，可通过终端与通信设备的通信指示灯或主站报文收发界面，判断设备通信是否中断，可尝试将终端重启，恢复通信连接。

（3）若只是单个或部分遥信不刷新，可检查主站系统是否被人工置数，如设置人工置数，则遥信不会实时刷新，解除人工置数即可。

（4）判断采集遥信的相应遥信节点状态、终端内部接线是否正确。

（5）若遥信板所采用的电源电压（有DC24V、DC48V、DC110V等）与现场电源不一致，遥信值也会不刷新，可通过遥信板内部跳线进行适应。

（6）以上情况检查均正常，遥信值仍不刷新，则为遥信板件故障，需要更换遥信板件。

（二）遥信值与实际状态相反

遥信值与实际状态相反的原因分析：

（1）现场接线错误（大部分发生在一次设备内部），如将动合触点上的回路线错接至动断触点。

（2）终端点表将遥信信号取反。

消缺步骤：

（1）检查现场遥信采集的辅助触点位置是否正确。遥信采集一般使用动合触点，当某一采集触点使用动断触点时，会出现遥信值和实际值相反的情况，此时可根据图纸重新进行接线。

（2）检查遥信点表是否误将遥信信号取为反极性。

（三）终端遥信值错位

终端遥信值错位故障的原因分析：

（1）遥信回路二次接线错位。

（2）遥信点表配置错误。

消缺步骤：

（1）检查终端内部的遥信电缆是否接错。

（2）检查终端遥信点表是否配置错误，如有错误将其修正。

（四）遥信抖动

遥信抖动故障原因分析：

（1）遥信回路中接线或触点接触不良造成抖动。

（2）不可避免的机械式继电器触点抖动。

（3）电磁干扰造成触点抖动。

（4）遥信防抖动时长过短，导致软件去抖功能弱。

消缺步骤：

（1）检查遥信回路中的二次接线是否牢固。

（2）配合一次设备辅助触点相关参数，设置遥信滤波时间（时间 10～60000ms 可设），抑制遥信的触点抖动。

（3）遥信二次回路使用屏蔽电缆连接，并且需要良好接地。

（五）虚遥信不正确变位

虚遥信不正确变位包含两个方面：①现场发生线路故障，终端设备无故障信号（虚遥信）产生；②故障消失时，告警信号（虚遥信）不能按设定方式复归。

虚遥信不正确变位的原因分析：

（1）保护功能投退字或保护定值设定错误。

（2）电压或电流加量值未超过保护定值。

（3）装置复归方式或复归时间配置错误。

（4）调试时未按照设定的复归方式进行复归操作。

消缺步骤：

（1）检查保护告警投退字、保护定值等配置是否正确。

（2）检查确认现场故障电流是否已经超过保护定值。

（3）核实现场故障信号复归方式（手动/自动）。

（4）自动复归时检查复归时间定值是否正确配置。

五、遥控故障

遥控是指通过下发远程指令，对远程开关设备进行控制分合闸的行为。断路器、隔离开关、挡位、蓄电池活化都可以成为遥控对象。遥控按照选择、返校、执行三步骤进行，首先是调度（后台机）下发遥控选择命令，终端装置正确接收后上送遥控返校报文，然后调度（后台机）正确接受返校信息后下发遥控执行，被控设备动作，最后终端把开关位置遥信送到调度（后台机），遥控结束。

一次设备遥控异常危害性很大，一方面，它可能阻碍事故处理、方式转换、延误停送电时间；另一方面控制回路故障可能会造成越级跳闸，扩大事故停电范围。可以说一次设备遥控异常的缺陷是配电自动化中十分严重的缺陷，必须予以重视。遥控异常主要包含两方面情况，一是遥控预置失败，二是遥控执行失败。除遥控异常外，还有就地操作异常，本文主要针对此三种情况进行分析。

遥控本地调试分为单体测试和整组测试（含一二次设备）两类。通过这些测试可以排查终端本体、一次设备、通信环节存在的设备异常及参数配置问题。单体测试指在现场仅对终端设备（以端子排为界）进行的测试。单体测试，旨在直接测试终端装置、命令准确性、动作可靠性以及对远方就地把手及遥控压板等闭锁保护功能的检测试验，或者是在外围通信未完成的情况下进行的测试。

单体测试方法：

（1）确认测控终端屏柜内对应遥控压板已经处于"投入"状态。

（2）确认测控终端上的"操作电源"空气开关已推。

（3）将测控装置的远方/就地把手打在"就地"位置。

（4）长时间按住测控终端屏柜内的分/合闸按钮，同时用万用表测量终端屏柜内的遥控出口端子排，若万用表蜂鸣挡有蜂鸣，则终端单体手动回路正常。

（5）将测控装置的远方/就地把手打在"远方"位置。

（6）用模拟主站软件连接终端，观察收发报文是否正常刷新。

（7）用模拟主站软件执行遥控操作，同时用万用表测量终端屏柜内的遥控出口端子排，若万用表蜂鸣挡有蜂鸣，则终端单体遥控回路正常。

整组测试是采用终端的控制回路对一次负荷开关、断路器设备进行分合闸操作。整组测试，旨在检查一、二次设备之间的连接回路是否正常。整组回路测试时必须取得操作许可，并且做好防止其他间隔误动的措施。

整组测试（含一、二次设备）方法：

（1）确认测控终端屏柜内对应遥控压板已经处于"投入"状态。

（2）检查测控终端及一次设备内的遥控空气开关是否合上。

（3）将一次设备面板相应间隔的远方/就地把手打在"远方"位置（如果存在的情况下）。

（4）将测控装置的远方/就地把手打在"远方"位置。

（5）用后台监控软件连接终端，观察收发报文是否正常刷新。

（6）用后台监控软件执行遥控操作，查看一次设备是否可靠动作。

（7）将测控装置的远方/就地把手打在"就地"位置。

（8）按下终端屏柜内的分/合闸按钮，查看一次设备是否可靠不动作。

遥控的影响因素包括软件、硬件两大方面，在遥控回路原理部分已详细讲述硬件回路知识，此处不再赘述，下面列出影响遥测正确性的软件因素。

影响因素1：遥控参数。遥控脉冲保持时间不可以过长或过短，和开关特性、工作特性有着很大关系，实际可根据现场定值单配置，若无要求可配置500ms。遥控脉冲保持时间设置界面如图5-6所示。

描述	值	最小值	最大值	步长	单位
电池活化开始输出脉冲保持时间	500	10	50000	1	ms
电池活化结束输出脉冲保持时间	500	10	50000	1	ms
遥控01合闸输出脉冲保持时间	500	10	50000	1	ms
遥控01分闸输出脉冲保持时间	500	10	50000	1	ms
遥控02合闸输出脉冲保持时间	500	10	50000	1	ms
遥控02分闸输出脉冲保持时间	500	10	50000	1	ms

图5-6 遥控脉冲保持时间设置界面

影响因素2：遥控加密标志。＝1或者＝2均会导致主站遥控不成，调试过程中应设置为0。遥控加密标志设置界面如图5-7所示。

描述	值	最小值	最大值	步长
遥控加密标志	0	0	255	1
冗余模式	1	0	255	1
IEC104端口号	2404	0	65535	1

图5-7 遥控加密标志设置界面

影响因素3：遥控软压板。软压板是开关遥控功能的逻辑压板，如果将"软压板功能"退出，则开关遥控不受软压板影响。如果将"软压板功能"投入，则必须将开关对应的软压板投入才能够对该开关进行遥控分合操作。遥控软压板投入界面如图5-8所示。

公共遥测	
状态量	
动作元件(GIN:23[2	192 软压板功能投入 合(2)
装置自检(GIN:25[5	193 遥控01软压板投入 分(1)
运行告警(GIN:24[3	194 遥控02软压板投入 分(1)
保护开入_1(GIN:26	195 遥控03软压板投入 分(1)
保护开入_2(GIN:27	196 遥控04软压板投入 分(1)
遥信(GIN:40[64])	
命令	

图5-8 遥控软压板投入界面

影响因素4：遥控挂牌。该功能默认不投入，当投入该功能后，软压板功能的逻辑会相反，即软压板功能投入、遥控间隔软压板投入、挂牌功能投入同时为1时，不能遥控开关分合。挂牌功能投入界面如图5-9所示。

挂牌功能投入	0	0	1	1
遥控选择超时定值	120	30	180	1

图5-9 挂牌功能投入界面

影响因素5：相关遥信不正确。当开关遥信合位时，不能遥控该开关合闸；开关遥信分位时不能遥控该开关分闸；遥信远方53为0时，不能遥控。

几种常见的遥控故障有如下几种现象：

（一）就地电动操作异常

就地电动操作异常系指就地进行分（合）闸操作时，一次设备无法正确动作。分析其原因主要包含以下方面：

(1) 远方/就地转换把手、分合闸出口压板位置不正确。

(2) 操作电源异常。

(3) 一次、二次设备接口的接线不正确。

(4) 开关本体故障，不能正确动作。

消缺步骤：

(1) 检查终端屏柜上的"远方/就地"转换把手是否在"就地"位置。

(2) 检查终端进行分合闸操作的压板是否都处于闭合状态。

(3) 检查一次设备面板上"远方/就地"把手是否在"远方"位置。

(4) 检查一次设备有无接地开关等闭锁限制分（合）闸，如有闭锁，解除闭锁。

(5) 检查操作电源空气开关是否合上，并用万用表检查操作电压是否异常。

(6) 用万用表测量终端屏柜端子排上的遥控公共端与对应分（合）闸端子，按动分（合）闸按钮时，观察万用表显示的直流电压是否由 48V（或其他电压）变为 0V，若没有变化，检查终端就地回路接线是否正确。

(7) 用万用表测量一次设备二次小室内的遥控公共端及对应分（合）闸端子，按动终端屏柜内的分（合）闸按钮时，观察万用表显示的直流电压是否由 48V（或其他电压等级）变为 0V，若没有变化，检查一、二次回路之间的连线是否正确。

(8) 检查一次设备面板上"远方/就地"把手是否在"就地"位置，在一次设备面板上按动分（合）闸按钮，若一次设备仍无法动作，则需要更换电操机构。

(二) 遥控预置失败

在就地分（合）闸操作正常的前提下，遥控预置失败原因分析：

(1) 通信中断。

(2) 遥控挂牌功能投入。

(3) 遥控软压板处于"分位"。

(4) DTU 的"远方/就地"转换开关处于"就地"位置。

(5) 开关的"远方/就地"转换开关处于"就地"位置。

(6) 装置已投入遥控加密。

消缺步骤：

(1) 检查确认 DTU 和开关的"远方/就地"转换开关均处于"就地"位置。

(2) 主站预置成功时终端侧会有如下收发报文，若报文异常，需检查遥控点号、主站配置是否错误。

(3) 若主站未收到返校报文，主站侧会显示遥控预置超时，此时首先检查通信线缆是否有接触不好或开路现象，若有则更换通信线缆或将其接触可靠。

(4) 检查通信设备是否良好。采用光纤通信方式，检查 ONU 通信设备 PON 通信状态灯是否异常，采用无线通信方式，检查 GPRS 模块的通信灯是否异常，如果异常需进行更换。

(5) 检查终端的通信插板是否异常。用后台监控软件连接终端，查看后台监控软件与终端的收发报文是否正常。若无收发报文则需更换通信插板。有报文则确认终端的通信插板正常。

（6）检查终端的软压板状态，某些测控终端为了防止误操作，会在装置内部增加软压板的功能，若软压板断开是无法进行遥控的。

（7）主站数据库中与遥控相关的通道表错误，会导致预置超时。检查通道表，检查主站地址、RTU 地址（一般为 1、1）。

（8）检查主站和终端的时间差是否在误差允许范围之内，时间超出会导致遥控解密过程中的时间戳无法通过认证，可通过手动对时予以解决。

（9）检查主站、终端双方加密是否均已配置。主站单方加密，遥控报文增加数字签名，终端可能会误认为是异常的通信报文，导致通信错误。而终端单方面配置加密，则无法通过解密认证导致遥控预置失败。

（三）遥控执行失败

如果在进行遥控分（合）闸操作时，遥控预置成功，但遥控执行失败，可从以下方面分析原因：

（1）遥控硬件回路接线不正确。

（2）报文收发不正常。

（3）遥控板件故障不正常。

消缺步骤：

（1）首先考虑硬件回路接线不正确，可使用万用表直流电压挡，量取各关键节点电位，寻找故障点，并及时消除。

（2）在终端侧检查报文是否正常，若报文异常，需检查遥控点号、主站配置是否错误。

（3）用万用表蜂鸣挡测量遥控插板的公共端与分（合）闸端子，在主站遥控分（合）闸时，万用表应有蜂鸣声，没有蜂鸣则需要更换遥控板件。

（4）将终端屏柜上的"远方/就地"转换把手切至"远方"位置。

（5）检查一次设备有无接地开关等闭锁限制分（合）闸，如有闭锁，解除闭锁。

（6）检查操作电源空气开关是否合上，并用万用表检查操作电压是否异常。

（7）用万用表测量终端屏柜端子排上的遥控公共端与对应分（合）闸端子，按动分（合）闸按钮时观察万用表显示的直流电压是否由 48V（或其他电压等级）变为 0V，若没有变化，检查终端远方回路接线是否正确。

第二节 FTU 典型故障及消缺方法

本节将以许继 FDR-115 智能馈线终端装置为例，介绍 FTU 典型故障现象及缺陷处理方法。

一、电源故障

FTU 目前主要有两种结构型式，一种为箱式结构，一种为罩式结构，两种结构型式均通过军用级航空电缆与开关本体进行连接。配电自动化运维过程中，电源故障通常表现为交流失电、后备电源故障等，本节将详细介绍常见电源故障现象及缺陷处理方法。

（一）交流电源失电

FTU 一般配备两路交流电源，分别为主电和备电，均来自柱上开关两侧的单相 TV

（变电站首端的 FTU 可能只有电源侧 TV），构成 V－V 的接线形式，电压等级一般为 AC220V，集电源供电与保护测量功能为一体，日常运维的范畴从 TV 二次接线端子至 FTU 侧航空插头。

交流电源失电典型现象有：

（1）装置面板"TV"指示灯灭，如图 5-10 所示。

（2）调试软件中"输入失电"虚遥信值为 1。

（3）调试软件中"Ua""Uc"遥测值明显低于 220V。

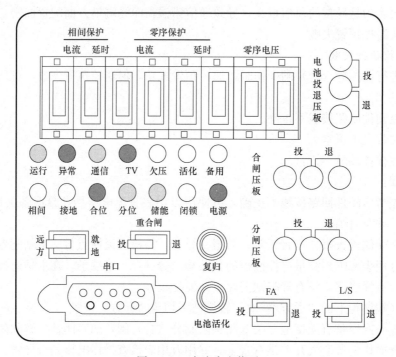

图 5-10　交流失电指示

消缺步骤如下：

（1）查看 TV 一次侧跌落式熔断器是否在运行位置。

（2）检查 TV 二次侧电源端子处电压是否正常（有条件时开展）。

（3）拔出 FTU 侧电源航插，检查电源航插头侧电压是否正常。

（4）拧紧 FTU 侧电源航插。

（二）后备电源失电

FTU 一般采用 DC24V 铅酸蓄电池或超级电容供电，在交流电源供电不足或消失时，电源模块从交流电源供电无缝切换至后备电源供电，保证装置可靠运行。在配电自动化运维工作中需要保证后备电源正常工作，并能够自动或遥控进行电池活化以保证蓄电池使用寿命。

后备电源失电典型现象有：

（1）装置面板"欠压"指示灯点亮。

（2）交流失电时，装置失电。

消缺步骤如下：

（1）检查装置面板"电池投退压板"是否在投入位置。

（2）拔出 FTU 侧后备电源航插，检查后备电源电压是否正常。

（3）打开后备电源电池仓，检查单体电池及连接线是否正常。

二、通信故障

（一）调试软件无法连接

调试软件无法连接，一般为调试笔记本电脑配置问题，首先需确认相关防火墙已关闭，网线连接正常，再确认调试笔记本电脑是否配置与装置同网段的 IP 地址。

如果未知装置 IP 地址，可按以下"维护引导"方式扫描出 FTU 网口 1 的 IP 地址。

若通过网线仍无法连接装置，可通过串口线进行连接，串口配置参数如图 5-11 所示（其中串口号根据维护笔记本实际串口号进行选择）。

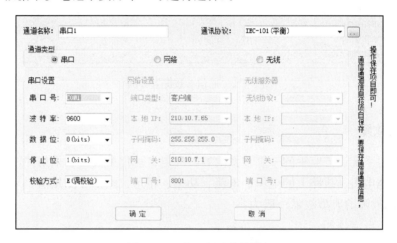

图 5-11　串口配置参数界面

（二）模拟主站无法连接

模拟主站是在自动化装置本地调试阶段，代替主站对现场进行监视与控制的软件，如果调试过程中调试软件保持正常连接，而模拟主站与自动化装置无法正常连接，可检查以下配置，如图 5-12 所示。

（1）【装置参数】装置地址：模拟主站配置与之保持一致。

（2）【装置参数】加密模式：1—软加密（报文加密），2—硬加密（芯片加密），在调试过程中需设置为 0（不加密）。

（3）【装置参数】对上规约控制字：采用 104 规约时，取固定值"0x08C1"。

（4）【装置参数】主站 IP 地址 1 或主站 IP 地址 2：为方便调试，不需配置主站 IP 地址，均取默认值 0.0.0.0。

（5）【模拟主站—基本参数】装置地址：模拟主站与装置参数设置的保持一致。

（6）【模拟主站—接口参数】：模拟主站与装置保持一致。

检查确认上述配置正确，如有问题需要及时修正，等待装置重新启动后尝试重连模拟主站。

选择	整定值名称	整定值	单位	最小值	最大值
☐	装置地址	1	-	1	65534
☐	NET1网口IP地址	192.168.1.101	-	0.0.0.1	223.255.255.254
☐	NET1网口网关地址	192.168.1.1	-	0.0.0.1	223.255.255.254
☐	NET1网口子网掩码	255.255.255.0	-	0.0.0.0	255.255.255.254
☐	NET2网口IP地址	192.168.2.101	-	0.0.0.1	223.255.255.254
☐	NET2网口网关地址	192.168.2.1	-	0.0.0.1	223.255.255.254
☐	NET2网口子网掩码	255.255.255.0	-	0.0.0.0	255.255.255.254
☐	加密模式	0	-	0	3
☐	加密最大时差	60	s	0	86400
☐	FA计数记忆时间S	20	-	0	180
☐	文件确认机制投入	0	-	0	1
☐	网管系统IP地址	0.0.0.0	-	0.0.0.0	254.254.254.254
☐	对上规约控制字	0x08C1	-	0x0000	0xFFFF
☐	串口模式控制字	0x0000	-	0x0000	0xFFFF
☐	串口参数控制字	0x1111	-	0x0000	0xFFFF
☐	串口1通信协议	1	-	0	255
☐	串口2通信协议	13	-	0	255
☐	串口3通信协议	4	-	0	255

图 5-12　通信参数配置界面

三、遥测故障

遥测是电力系统远方监视的一项重要内容，配电自动化系统需要采集并传送设备运行数据，包括蓄电池电压、线路上的电压、电流、功率、相角、频率等测量值。

FTU 遥测故障的典型故障一般为：

（1）电压、电流缺相。

（2）电压、电流数值与实际不符。

（3）电压、电流相序反。

（4）有功、无功、功率因数与实际不符。

（一）硬件回路故障

硬件回路故障的消缺方法为：

（1）检查航空电缆柱上开关侧插头是否松动、是否存在短接。

（2）检查航空电缆 FTU 侧的电源航插、电流航插是否松动、是否存在短接。

（3）检查电源电缆 TV 侧二次接线极性是否正确。

（4）检查柱上开关当前的 TA 变比是否与装置额定值一致。

（二）软件配置故障

软件配置的消缺方法为：

（1）【内部定值】中电压输入类型、电流组合方式整定值与实际一致。输入类型设置界面如图 5-13 所示。

选择	整定值名称	整定值	单位	最小值	最大值
☐	电压输入类型	4	-	2	4
☐	电流组合方式	4	-	1	4

图 5-13　输入类型设置界面

（2）【内部定值】中零漂、死区的整定值在合理范围内。零漂、死区的整定界面如图5-14所示。

选择	整定值名称	整定值	单位	最小值	最大值
☐	电流归零值	0.05	A	0	1
☐	电压归零值	11	V	0	30
☐	功率归零值	2	VA	0	30
☐	电流死区	0.1		0	1
☐	交流电压死区	0.1		0	0.3
☐	直流电压死区	0.1		0	0.3
☐	功率死区	0.01		0	0.3
☐	频率死区	0.005		0	0.3
☐	功率因数死区	0.01		0	0.3

图5-14　零漂、死区的整定界面

（3）【内部定值】中电压、电流比例系数与实际电压、电流额定值对应。电压、电流比例系数设置界面如图5-15所示。

选择	名称	值	单位	最小值	最大值
☐	电压比例系数	387250	-	128	500000
☐	零序电压比例系数	319808	-	128	337920
☐	电流比例系数	3660	-	128	35840
☐	零序电流比例系数	3660	-	128	35840

图5-15　电压、电流比例系数设置界面

（4）检查装置采样精度是否满足要求。若不满足要求，在模拟量校准界面进行校正。精度校准界面如图5-16所示。

通信通道 | 实时数据 | 定值配置 | 内部定值配置 | 装置参数配置 | 模拟量

模拟量 | 模拟量校准

	选择	校正值名称	单位	增益系数	角度系数	物理通道号
1	☐	Uab	V	0	0	1
2	☐	Ucb	V	0	0	2
3	☐	U0	V	0	0	3
4	☐	DC1	V	0	0	4
5	☐	Ia	A	0	0	5
6	☐	Ib	A	0	0	6
7	☐	Ic	A	0	0	7

图5-16　精度校准界面

（5）检查装置转发遥测点表是否按照要求进行配置。重点检查"上送模式""上送类型""转换系数"等。

四、遥信故障

FTU遥信故障一般分为实遥信故障和虚遥信故障，实遥信故障一般表现为二次航空电缆连接故障，虚遥信故障一般表现为装置额定值、配置控制字错误。

（一）硬件回路故障

硬件回路故障的消缺方法为：

（1）检查航空电缆柱上开关侧插头是否松动、是否存在短接。

（2）检查航空电缆 FTU 侧的控制电缆航插是否松动、是否存在短接。

具体操作方法，参考遥测故障硬件回路的操作方法。

图 5-17 系统校时界面

（二）软件回路故障

软件配置的消缺方法为：

（1）遥信变位与 SOE 时间不匹配。主要对装置时钟错误，可通过主站进行对时操作。系统校时界面如图 5-17 所示。

（2）检查【内部定值】开入量防抖时间是否在合理范围内。

（3）检查装置转发点表是否按照要求正确配置。重点检查"上送模式""属性""遥信取反"等。

五、遥控故障

（一）遥控预置失败

遥控预置失败原因可通过查看实时记录数据中的告警记录是否产生"遥控命令否定"记录，如有则查看值 1，根据值 1 对照表 5-1 排查问题。

表 5-1 遥控失败原因查看

遥控否定代号	"遥控命令否定"记录	排查方法
6	SM2 时间戳错误	检查终端时间是否和主站一致
7	SM2 验签错误	检查 ID 是否已下载
8	加密错误	检查公钥是否正确
10	遥控配置错误	重新配置遥控点表
11	遥控通信通道错误	检查是否有多个通道同时遥控
13	遥控远方信号错误	检查远方就地遥信是否处于远方
14	遥控软压板错误	检查遥控软压板是否已投入
15	系统严重故障	检查终端定值是否出错
16	负荷开关遮断电流闭锁	检查电流是否超过遮断电流定值
21	手柄未自动	检查手柄是否处于自动位
24	合闸操作未储能	检查开关是否已储能

消缺方法为：

（1）检查装置面板"远方/就地"把手确在"远方"位置。

（2）检查装置面板白色手柄确在"自动"位置。

（3）检查装置面板遥控软压板是否已投入。

（4）检查【装置参数】中加密模式配置是否正确。

（5）检查【装置参数】中合闸闭锁遥信号配置是否正确。

（6）检查"未储能"遥信值是否为 1（为 1 时闭锁遥控）。

（二）遥控执行失败

遥控执行失败的消缺方法为：

（1）检查遥控分/合闸压板是否在投入位置。

（2）检查【内部定值】中"分/合闸输出脉冲时间"配置是否合理，如图 5-18 所示。

分闸输出脉冲时间	0.2	s	0.01
合闸输出脉冲时间	0.2	s	0.01

图 5-18 分合闸脉冲时间

（3）检查装置遥控点表是否按照要求正确配置。重点检查"合/分开出编号""遥控取反"等。

六、安防异常

加密芯片无法导出证书的消缺方法为：

（1）检查【装置参数】中加密模式是否为硬加密模式，如图 5-19 所示。

	选择	整定值名称	整定值	单位	最小值	最大值
*8	☐	加密模式	2	-	0	3

图 5-19 装置参数的硬加密设置

（2）检查【装置参数】中对上规约控制字是否为固定值 0x08C1，如图 5-20 所示。

*13	☐	对上规约控制字	0x08C1	-	0x0000	0xFFFF

图 5-20 装置参数的对上规约控制字设置

（3）检查【装置参数】中串口通信协议是否为以下默认值，如图 5-21 所示。

16	☐	串口1通信协议	1	-	0	255
17	☐	串口2通信协议	13	-	0	255
▶ 18	☐	串口3通信协议	4	-	0	255

图 5-21 装置参数的串口通信协议设置